きほんの ドリル

① なかまづくりと かず

おなじ かずの なかまを さがそう

じかん 15ふん ｜ ごうかく 80てん ／100

がつ にち

サクッと こたえ あわせ

79ページ

\もんだいを きちんと よもう!/

[うえと したを、ひとつずつ せんで むす~

❶ おおい ほうに ○を つけましょう。

5ページ

20てん

( )

( )

❷ おなじ かずの ものを ── で むすびましょう。

📖教①6〜7ページ 80てん(1つ16)

 ・ ・

 ・ ・

 ・ ・

 ・ ・

 ・ ・

きょうかしょ 📖 ①1〜7ページ

1

① **なかまづくりと かず**
おなじ かずの なかまを さがそう……(2)

こたえ **79**ページ

\ もんだいを きちんと よもう！

[◯を ひとつ ぬったら、えに しるしを つけると よいでしょう。]

えと おなじ かずだけ ◯に いろを ぬりましょう。

📖教①8〜9ページ　30てん(1つ10)

●の かずを かきましょう。 📖教①8〜9ページ　70てん(1つ5)

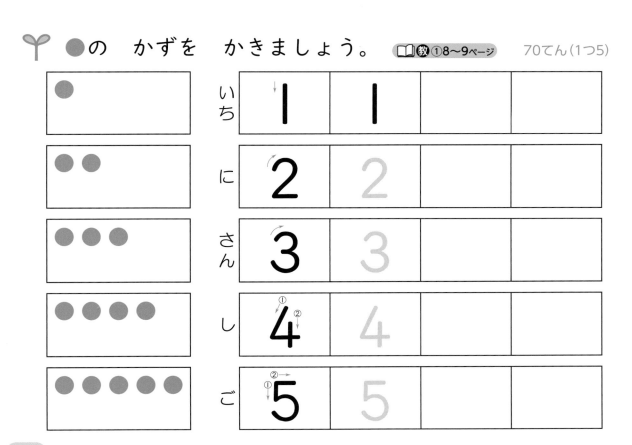

2

きょうかしょ📖 ①8〜9ページ

| じかん 15ふん | ごうかく 80てん | /100 |

① **なかまづくりと　かず**
おなじ　かずの　なかまを　さがそう……(3)

\ もんだいを きちんと よもう！ /
[えを　ひとつずつ　ゆびで　おさえながら　かぞえましょう。]

🖋 おなじ　かずを　すうじで　かきましょう。　📖教①10ページ

50てん(1つ10)

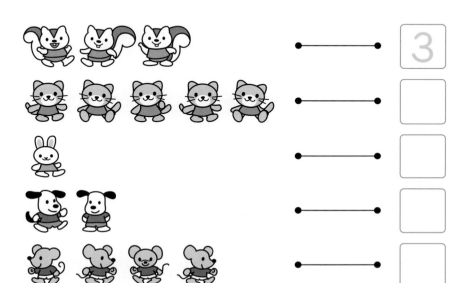

🌱 おなじ　かずの　ものを　──で　むすびましょう。

📖教①11ページ　50てん(1つ10)

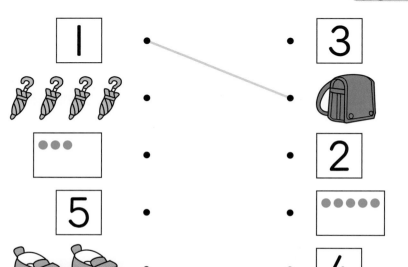

5までの
かずが
わかり
ますか。

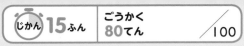

① **なかまづくりと　かず**
5は　いくつと　いくつ

じかん 15ふん ｜ ごうかく 80てん ／100 ｜ がつ　にち

サクッと
こたえ
あわせ
こたえ **79** ページ

＼ もんだいを きちんと よもう！／

[5は、「1と　4」「2と　3」に　わかれます。]

おはじきが　5こ　あります。かくした　おはじきは
なんこですか。　教①12〜13ページ　　　　　40てん（1つ20）

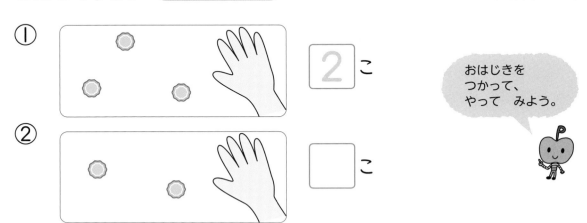

①　2 こ

②　□ こ

おはじきを
つかって、
やって　みよう。

もんだいに　こたえましょう。　教①12〜13ページ　20てん（1つ10）

①　5は、2と　いくつですか。　　3

②　5は、4と　いくつですか。　　□

□に　あう　かずを　かきましょう。　教①13ページ　40てん（1つ20）

①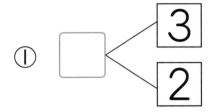

②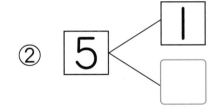

きょうかしょ　①12〜13ページ

 じかん 15ふん

| ごうかく 80てん | ／100 |

がつ　にち

こたえ 80ページ

サクッと
こたえ
あわせ

① なかまづくりと　かず

おなじ　かずの　なかまを　さがそう……(4)

\もんだいを きちんと よもう！/

[○は うえの だんから ぬりましょう。]

🌱 えと　おなじ　かずだけ ○に　いろを　ぬりましょう。

📖教①14〜16ページ　30てん(1つ10)

①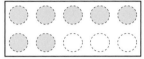

②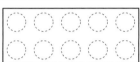

③

🌱 ●の　かずを　かきましょう。　📖教①16〜17ページ　70てん(1つ5)

きょうかしょ📖 ①14〜17ページ

① **なかまづくりと かず**
6は いくつと いくつ／7は いくつと いくつ

\もんだいを きちんと よもう！/

[あと いくつで 6や 7に なるかを かんがえましょう。]

❶ 6は いくつと いくつですか。うえと したの
さいころを ── で むすびましょう。 📖教①18〜19ページ

50てん（1つ10）

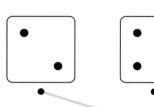

\よくよんで！/

❷ ⬜ に あう かずを かきましょう。 📖教①20〜21ページ 50てん（1つ10）

①

②

③

④

⑤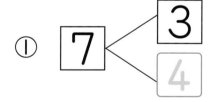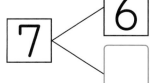

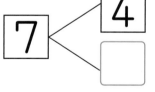
わからない ときは、
おはじきを つかって
かんがえよう。

じかん 15ふん ／ ごうかく 80てん ／100

がつ　にち

サクッと
こたえ
あわせ
こたえ 80ページ

① **なかまづくりと　かず**
8は　いくつと　いくつ／9は　いくつと　いくつ

\ もんだいを きちんと よもう！ /
[おはじきなどを　つかって、8や　9を　2つに　わけて　みましょう。]

🖐 8は　いくつと　いくつですか。かずだけ ⊙を　ぬり、□に
すうじを　かきましょう。　📖教①22〜23ページ　　40てん（1つ5）

① 　と
2 と 6

② **5** と □

③ 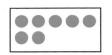　と
7 と □

④ **3** と □

🌱 □に　あう　かずを　かきましょう。　📖教①22〜25ページ

60てん（1つ10）

① 8は　1と 7

② 8は　6と □

③ 9は　3と □

④ 9は　5と □

⑤ **8** ＜ **4** / □

⑥ □ ＜ **7** / **2**

① **なかまづくりと　かず**
10は　いくつと　いくつ

\ もんだいを きちんと よもう！ /

> 10を　2つに　わけたり、2つで　10に　する　れんしゅうを
> しましょう。「あと　いくつで　10に　なるか」は、たしざんや
> ひきざんの　もとに　なります。

🌱 □に　あう　かずを　かきましょう。　📖教①26ページ　30てん（1つ15）

① 10は　7と　[3]　　② 10は　2と　[　]

🌱 □に　あう　かずを　かきましょう。　📖教①27ページ　40てん（1つ10）

① 10 ＜ 4 / [　]　　② 10 ＜ 8 / [　]

③ 10 ＜ 1 / [　]　　④ [　] ＜ 5 / 5

🌱 10に　なる　かずあわせを　します。うえと
したを　——で　むすびましょう。　📖教①26〜27ページ　30てん（1つ5）

| 7 | 3 | 1 | 6 | 2 | 5 |

| 9 | 4 | 3 | 7 | 5 | 8 |

（7 と 3 を むすぶ せん）

きょうかしょ📖　①26〜29ページ

きほんの
ドリル
> 9.

じかん 15ふん ／ ごうかく 80てん ／ 100

① **なかまづくりと かず**
おおきさを くらべよう／0と いう かず

がつ にち

サクッと
こたえ
あわせ
こたえ 81 ページ

\もんだいを きちんと よもう！/
[かずは、ひだりから じゅんに おおきく なって います。]

🖐 かずの おおい ほうに ○を つけましょう。 📖教①30ページ
30てん（1つ15）

① ●●● ●●●●●

( ) (○)

② 8 7

( ) ( )

しっかり
かぞえよう！

⚠️ミスにちゅうい！
🌱 □に あう かずを かきましょう。 📖教①31ページ 40てん（□1つ10）

① — 2 — 3 — 4 — 5 — □ —

② — 6 — □ — 8 — 9 — □ —

どこからでも
じゅんばんに
かけるようにね。

[ひとつも ない ときは、0と かきます。]
⚠️ミスにちゅうい！
🌱 かずを すうじで かきましょう。 📖教①32ページ
30てん（□1つ10）

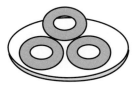 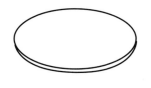 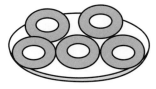

きょうかしょ 📖 ①30〜33ページ

9

② なんばんめ …………(1)

＼もんだいを きちんと よもう！／

[「まえから」は　まえから、「うしろから」は　うしろから　かぞえます。]

🥄 あてはまる　ものを　□で　かこみましょう。 📖教①34〜35ページ

80てん（1つ20）

① まえから　2ひき

まえ  うしろ

② まえから　2ひきめ

まえ うしろ

> 2ひきと
> 2ひきめは
> どう　ちがう
> かな？

③ うしろから　5にん

まえ うしろ

④ うしろから　5にんめ

まえ うしろ

🌱よくよんで！

あてはまる　ものに　いろを　ぬりましょう。 📖教①34〜35ページ

20てん（1つ10）

① まえから　3だい

まえ うしろ

② うしろから　3だいめ

まえ うしろ

② **なんばんめ**　　　　　　　……(2)

じかん 15ふん
ごうかく 80てん　　/100
がつ　にち

サクッと
こたえ
あわせ
こたえ 81ページ

\ もんだいを きちんと よもう！/

[「うえから」「したから」「ひだりから」「みぎから」に　きを　つけましょう。]

🖐 えを　みて　こたえましょう。　📖教①36ページ

60てん(1つ15)

① たぬきは　うえから　なんばんめ
ですか。　　　（　　　ばんめ）

② うえから　3ばんめは　なんですか。
　　　　　　　　（　　　　　）

③ ねこは　したから　なんばんめ
ですか。　　　（　　　ばんめ）

④ したから　2ばんめは　なんですか。
　　　　　　　　（　　　　　）

（うえ）
りす
ねこ
うさぎ
いぬ
たぬき
（した）

🌱 よくよんで！

えを　みて　こたえましょう。　📖教①36〜37ページ

40てん(□1つ10)

ひだり

すいか

めろん

いちご

みかん

りんご

ばなな
みぎ

① みかんは、ひだりから　4 ばんめで、みぎから
　3 ばんめです。

② りんごは、ひだりから　□ ばんめで、みぎから
　□ ばんめです。

③　あわせて　いくつ　ふえると　いくつ……(1)

＼もんだいを きちんと よもう！／

[かずを　あわせる　ときは、たしざんを　つかいます。]

❶　あわせると、なんこに　なりますか。　📖教②2〜3ページ❶ 30てん (1つ15)

①　　　　　　　　　　　　　　　　②

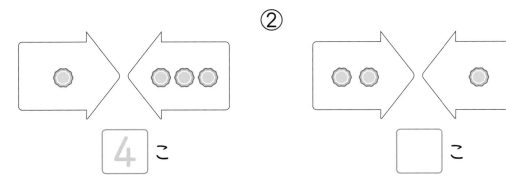

4 こ　　　　　　　　　　　　　□ こ

❷　ぜんぶで　なんびきに　なりますか。　📖教②3ページ⚠

30てん (□1つ10)

しき　│1│ ＋ │4│ ＝ │5│　　こたえ　│　│ひき

❸　あわせると、なんさつに　なりますか。　📖教②4ページ⚠

40てん (しき20・こたえ20)

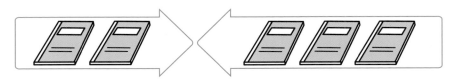

しき　│　　　　　　　　│　　　こたえ　│　│さつ

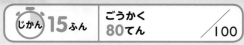

③ あわせて いくつ ふえると いくつ……(2)

＼もんだいを きちんと よもう！／

[かずが ふえる ときも、たしざんを つかいます。]

❶ ふえると、いくつに なりますか。 📖教②5〜6ページ❶ 40てん(1つ20)

①

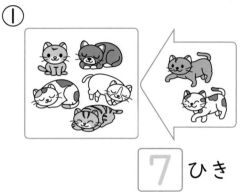

┃ 7 ┃ひき

②

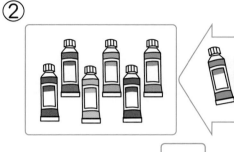

┃　┃ほん

❷ 2わ ふえると、なんわに なりますか。 📖教②5〜7ページ
30てん(□1つ10)

しき ┃ 4 ┃ + ┃ 2 ┃ = ┃ 6 ┃　　　こたえ ┃　┃わ

＼よくよんで！／

❸ しきに かいて こたえましょう。 📖教②7ページ⚠
30てん(しき15・こたえ15)

かえるが 3びき いけの なかに いました。
4ひきの かえるが、いけに はいりました。
かえるは、なんびきに なりましたか。

しき ┃　　　　　　　　　　　┃　　　こたえ ┃　┃ひき

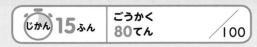

じかん 15ふん
ごうかく
80てん　　／100
がつ　　にち
サクッと
こたえ
あわせ
こたえ 82ページ

③　あわせて　いくつ　ふえると　いくつ……(3)

\もんだいを きちんと よもう!/
[あわせたり　ふえたり　する　ときに、たしざんを　つかいます。]

1　たしざんを　しましょう。　　教②8ページ　　60てん(1つ5)

①　1＋1
　　＝2

②　2＋2

③　6＋1

④　2＋5

⑤　5＋1

⑥　1＋9

⑦　1＋8

⑧　2＋7

⑨　3＋6

⑩　3＋7

⑪　5＋5

⑫　8＋2

\よくよんで!/
2　おとこのこが　4にん、おんなのこが　5にん
います。こどもは、みんなで　なんにんですか。
　　　　教②8ページ　20てん(しき10・こたえ10)

しき　｜　4＋5＝　｜　　こたえ　｜　｜にん

\よくよんで!/
3　くるまが　6だい　とまって　います。4だい
くると、くるまは　なんだいに　なりますか。
　　　　教②8ページ　20てん(しき10・こたえ10)

しき　｜　　　　　　｜　　こたえ　｜　｜だい

きょうかしょ　②8ページ

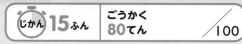

③ **あわせて いくつ ふえると いくつ……(4)**
かあどを つかって／0の たしざん／おはなしづくり

\もんだいを きちんと よもう！/
[たしざんかあどを つくって、くりかえし れんしゅうを しましょう。]

❶ かあどの うらに こたえを かきましょう。

教②9ページ　30てん（1つ10）

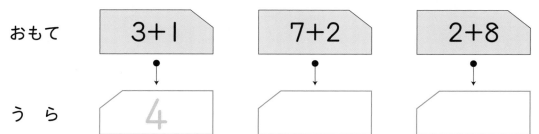

おもて：3+1　7+2　2+8
うら：4

[ある かずに 0を たしても、こたえは ある かずに なります。]

⚠️ミスにちゅうい！
❷ たしざんを しましょう。　教②10ページ**1 2**⚠　40てん（1つ10）

① 3+0＝3　② 0+8

③ 1+0　④ 0+7

\よくよんで！/
❸ えを みて 2+3=5の しきに なる
たしざんの おはなしを つくりましょう。　教②11ページ**1**
30てん（□1つ15）

とんぼが □ひき いました。

そこへ 3びき とんで きました。

とんぼは ぜんぶで □ひきに なりました。

きょうかしょ ②9〜11ページ

15

まとめの
ドリル
16。
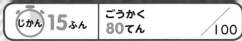
③ あわせて いくつ ふえると いくつ

じかん 15ふん　ごうかく 80てん　／100　がつ　にち
こたえ 82ページ
サクッと
こたえ
あわせ

1 たしざんを しましょう。　　　　40てん（1つ5）

① 1+2　　　② 3+3　　　③ 4+5

④ 5+3　　　⑤ 7+1　　　⑥ 3+6

⑦ 2+8　　　⑧ 5+0

よくよんで！

2 えを みて こたえましょう。　　　60てん（□1つ12）

① あかい はなが 4ほん、しろい はなが 3ぼん
さいて います。あわせて なんぼん さいて
いますか。

しき ［　　　　　　　　　］　　こたえ ［　］ほん

② えを みて、3+4=7の しきに なる
たしざんの おはなしを つくりましょう。

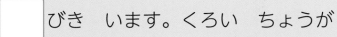
あかい ちょうが ［　］びき います。くろい ちょうが
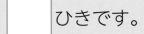
［　］ひき います。あわせて ［　］ひきです。

きょうかしょ 📖 ②2〜12ページ

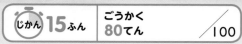

じかん **15**ふん ／ ごうかく **80**てん ／100

がつ　にち

サクッと
こたえ
あわせ

こたえ **82**ページ

④ のこりは いくつ ちがいは いくつ……(1)

\ もんだいを きちんと よもう！/

[のこりの　かずを　もとめる　ときは、ひきざんを　つかいます。]

1 のこりは なんこに なりますか。　📖教②14〜15ページ❶ 30てん (1つ15)

①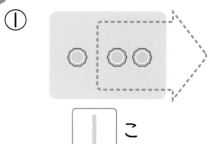

|1| こ

②

|　| こ

\ よくよんで！/

2 ざりがにが 5ひき います。3びき すくうと、
のこりは なんびきに なりますか。　📖教②15ページ⚠

30てん (□1つ15)

しき |5| − |3| = |2|　こたえ |　|ひき

\ よくよんで！/

3 とんぼが 4ひき います。1ぴき とんで いくと、
のこりは なんびきに なりますか。　📖教②16ページ❹

40てん (□1つ10)

しき |4| − |1| = |　|　こたえ |　|びき

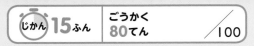

④ のこりは　いくつ　ちがいは　いくつ……(2)

こたえ 83ページ

\もんだいを きちんと よもう!/

[ぶぶんの　かずを　もとめる　ときも、ひきざんを　つかいます。]

1 けえきが　6こ　あります。2こ　たべると、
のこりは　なんこですか。　教②16ページ　30てん(しき15・こたえ15)

しき　$6-2=$

こたえ 　　 こ

2 ひきざんを　しましょう。　教②17ページ　40てん(1つ5)

① $5-1=4$　　② $4-1$　　③ $7-3$

④ $7-5$　　⑤ $8-1$　　⑥ $9-6$

⑦ $10-2$　　⑧ $10-9$

\よくよんで!/

3 ちゅうりっぷが　10ぽん　さいて　います。あかい
ちゅうりっぷは　3ぼんです。しろい　ちゅうりっぷは
なんぼんですか。　教②17ページ　30てん(しき15・こたえ15)

おおきい　かずから
ちいさい　かずを
ひこう。

しき 　　　　　　　　　　　こたえ 　　 ほん

きょうかしょ ②16〜17ページ

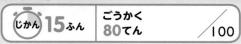

④ のこりは いくつ ちがいは いくつ……(3)
かあどを つかって

＼ もんだいを きちんと よもう！／

[ひきざんかあどを つくって、くりかえし れんしゅうを しましょう。]

1 かあどの うらに こたえを かきましょう。

📖教②18ページ　60てん（1つ10）

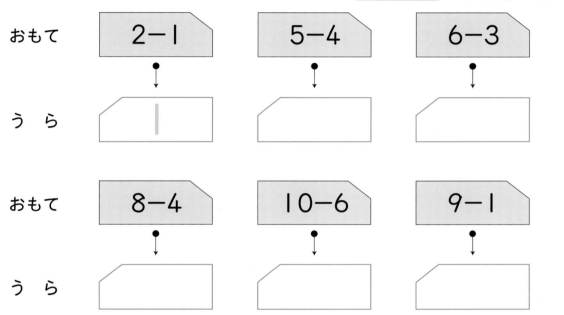

おもて　2−1　5−4　6−3

うら

おもて　8−4　10−6　9−1

うら

⚠️ミスにちゅうい！

2 こたえが おなじ かあどを —— で むすびましょう。

📖教②18ページ　40てん（1つ10）

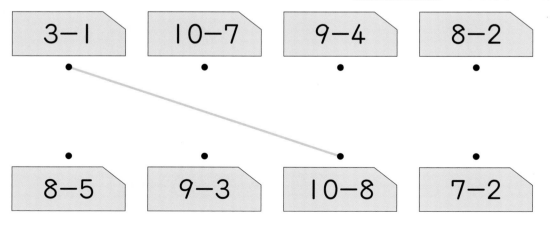

3−1　10−7　9−4　8−2

8−5　9−3　10−8　7−2

④ のこりは いくつ ちがいは いくつ……(4)
0の ひきざん

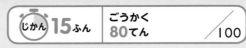

もんだいを きちんと よもう!

[ある かずから 0を ひいても、こたえは ある かずに なります。]

1 しゅうくりいむが 4こ あります。のこりは なんこに なりますか。 📖教②19ページ**1** 　　60てん(□1つ10)

①  4こ たべると

しき $4 - 4 = 0$

こたえ □ こ

しゅうくりいむは、
なくなるよ。

② 1こも たべないと

しき $4 - □ = □$ 　　こたえ □ こ

2 ひきざんを しましょう。 📖教②19ページ⚠ 　　40てん(1つ5)

① $2-2 = 0$ 　　　② $3-3$

③ $6-6$ 　　　　　④ $10-10$

⑤ $3-0$ 　　　　　⑥ $8-0$

⑦ $9-0$ 　　　　　⑧ $0-0$

きょうかしょ📖 ②19ページ

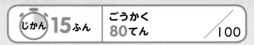
じかん 15ふん ／ ごうかく 80てん ／100

がつ にち
サクッと
こたえ
あわせ
こたえ 83ページ

④ のこりは いくつ ちがいは いくつ……(5)

＼もんだいを きちんと よもう！／
［おおい かずを もとめる ときも、ひきざんを つかいます。］

1 えを みて こたえましょう。　📖教②20〜21ページ**1**　60てん(1つ20)

① すいかと めろんでは、どちらが おおいでしょうか。

(すいか)

② 🍉は、🍈より なんこ おおいでしょうか。

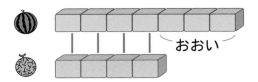

しき ┃ 7 ┃ − ┃ 4 ┃ = ┃ 3 ┃　こたえ ┃　┃こ

⚠️ミスにちゅうい！

2 🪰は、🦋より なんびき おおいでしょうか。

📖教②21ページ⚠️　40てん(□1つ10)

しき ┃　┃ − ┃　┃ = ┃　┃　こたえ ┃　┃ひき

きょうかしょ📖 ②20〜21ページ

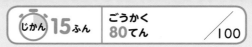

④　のこりは　いくつ　ちがいは　いくつ……(6)

＼もんだいを きちんと よもう！／

[ちがいの　かずを　もとめる　ときも、ひきざんを　つかいます。]

1　かえるが　4ひき、かめが　9ひき　います。
　どちらが　なんびき　おおいでしょうか。　📖教②22ページ④

70てん（しき30・こたえ□1つ20）

しき　| 9－4＝ |

こたえ　□　が　□　ひき　おおい。

かえると　かめは
どちらが
おおいかな？

⚠️ミスにちゅうい！

2　えを　みて、6－3＝3の　しきに　なる
　ひきざんの　おはなしを　つくりましょう。　📖教②24ページ❶

30てん（□1つ10）

おおきい　かずから
ちいさい　かずを
ひこう。

🍰が　□　こ　あります。🍴は　□　ぽんです。

かずの　ちがいは　□　です。

きょうかしょ📖 ②22〜24ページ

④ のこりは いくつ ちがいは いくつ

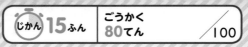

じかん 15ふん
ごうかく
80てん　／100
がつ　にち
サクッと
こたえ
あわせ
こたえ 84ページ

1 あいすくりいむが 7こ あります。3こ たべると、
のこりは なんこですか。

30てん（しき15・こたえ15）

しき ☐　　　　　　　　　　こたえ ☐ こ

2 ひきざんを しましょう。

30てん（1つ5）

① 4−3　　　② 6−1　　　③ 6−5

④ 8−6　　　⑤ 7−0　　　⑥ 10−5

よくよんで!

3 えを みて こたえましょう。

40てん（☐1つ10）

くるみ　　　　　　どんぐり

① 🐭と 🐿の かずの ちがいは なんびきですか。

しき ☐　　　こたえ ☐ びき

② えを みて、8−3の しきに なる ひきざんの
おはなしを つくりましょう。

きのみが ☐ こ あります。くるみは ☐ こです。
どんぐりは なんこ ありますか。

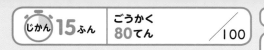

サクッと
こたえ
あわせ
こたえ 84ページ

⑤ どちらが ながい ……（１）

\ もんだいを きちんと よもう！/

［ながさを くらべる ときは、はしを そろえて くらべます。］

❶ ながい ほうに ○を つけましょう。 📖教②27〜28ページ❶

50てん（1つ25）

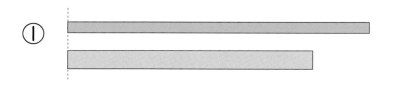

① （ ○ ）
　（ ）

② （ ）
　（ ）

ぴんと のばすと
どうなるかな？

⚠ミスにちゅうい！

❷ ながい ほうに ○を つけましょう。 📖教②28ページ②

50てん（1つ25）

①

たて（ ）
よこ（ ○ ）

②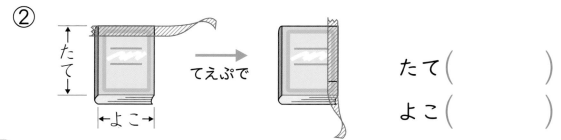

たて（ ）
よこ（ ）

きょうかしょ📖 ②26〜28ページ

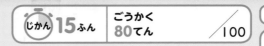

⑤ どちらが ながい　　　……(2)

サクッと
こたえ
あわせ

こたえ 84ページ

\もんだいを きちんと よもう！/

[そのまま くらべられない ものは、ながさを てえぷに うつしとります。]

1 いろいろな ものの ながさを しらべました。もんだいに
こたえましょう。 📖教②29ページ2　　　　40てん(1つ20)

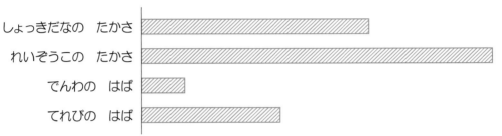

① いちばん ながい ものは なんですか。

（　　れいぞうこの　たかさ　　）

② いちばん みじかい ものは なんですか。

（　　　　　　　　　　　　　　　）

\よくよんで！/

2 つくえの たてと よこの ながさを、えんぴつで
くらべます。どちらが ながいでしょうか。 📖教②30ページ3

30てん

| つくえの たて……えんぴつ 3ぼんぶん |
| つくえの よこ……えんぴつ 4ほんぶん |

つくえの
（　　　　　）

3 ながい ほうに ○を つけましょう。 📖教②31ページ⚠

30てん

あ （　　　）

い （　　　）

きょうかしょ📖 ②29〜31ページ

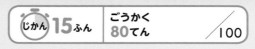

⑤　どちらが　ながい　　　　　……(3)

\もんだいを きちんと よもう！/

[ますの　いくつぶんかで　ながさを　くらべる　ことが　できます。]

❶　えを　みて　こたえましょう。　📖教②31ページ⚠　　80てん(1つ20)

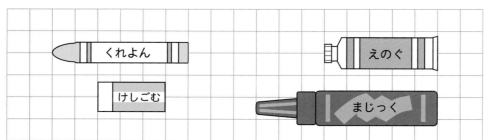

①　くれよんは、ますの　いくつぶんの
　　ながさですか。　　　　　　　　　　6 つぶん

②　けしごむは、ますの　いくつぶんの
　　ながさですか。　　　　　　　　　　☐ つぶん

③　まじっくと　えのぐでは、どちらが　ますの
　　いくつぶん　ながいでしょうか。

（　　　　　　　　）が　ますの　☐つぶん　ながい。

\よくよんで！/

❷　おなじ　いろの　つみきを　つみます。
　　どちらの　いろの　つみきが　たかく　なりますか。
　　あ、いで　こたえましょう。　📖教②31ページ⚠　　20てん

あ　　　　　　　　　　い

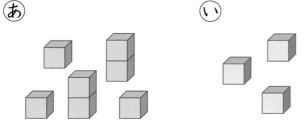

（　　　）

きょうかしょ📖 ②31ページ

じかん 15ふん ／ ごうかく 80てん ／100

サクッと
こたえ
あわせ
こたえ 85ページ

なかまづくりと　かず／なんばんめ

1 かずの　おおい　ほうに　〇を　つけましょう。　20てん(1つ10)

① 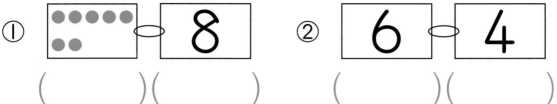 ⚫⚫⚫⚫⚫ / 8　　　② 6 / 4

(　　　)(　　　)　　　(　　　)(　　　)

2 □に　あう　かずを　かきましょう。　40てん(□1つ10)

① ― 3 ― □ ― 5 ― 6 ― □ ―

② ― □ ― 6 ― □ ― 8 ― 9 ―

3 えを　みて　こたえましょう。　40てん(□1つ10)

ひだり　うし　とら　にわとり　うさぎ　りゅう　ねずみ　みぎ

① りゅうは、ひだりから 5 ばんめで、みぎから

2 ばんめです。

② うしは、ひだりから □ ばんめで、みぎから

□ ばんめです。

じかん 15ふん　ごうかく 80てん　／100

サクッと
こたえ
あわせ

こたえ 85ページ

あわせて　いくつ　ふえると　いくつ／のこりは　いくつ　ちがいは　いくつ

1 けいさんを　しましょう。　　　　　　　　　　60てん（1つ5）

① 1＋4　　② 6＋1　　③ 5＋4

④ 2＋6　　⑤ 3＋7　　⑥ 0＋0

⑦ 4－3　　⑧ 8－6　　⑨ 9－5

⑩ 10－2　　⑪ 5－5　　⑫ 6－0

2 からすが　5わ　いました。3わ　とんで　きました。
ぜんぶで　なんわに　なりましたか。　　20てん（しき10・こたえ10）

しき　□　　　　　　　　　こたえ □わ

3 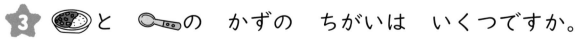と　🥄の　かずの　ちがいは　いくつですか。
　　　　　　　　　　　　　　　　　　　　　20てん（しき10・こたえ10）

しき　□　　　　　　　　　こたえ □つ

どちらが　ながい

1 ながい　ほうに　〇を　つけましょう。　　40てん（1つ20）

①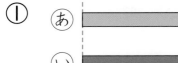
あ　（　　　）
い　（　　　）

② 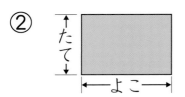 →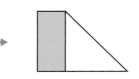
たて　（　　　）
よこ　（　　　）

2 やさいの　ながさを　てえぷに　うつしとって　しらべました。もんだいに　こたえましょう。　　60てん（1つ30）

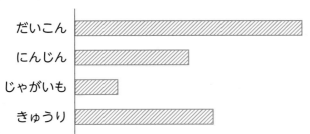

だいこん
にんじん
じゃがいも
きゅうり

① いちばん　ながい　やさいは　なんですか。

（　　だいこん　　）

② いちばん　みじかい　やさいは　なんですか。

（　　　　　　　　　）

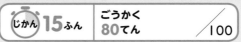

サクッと
こたえ
あわせ
こたえ 86ページ

⑥ わかりやすく せいりしよう ……(1)

\ もんだいを きちんと よもう！ /

[えぐらふに すると、おおい すくないが すぐ わかります。]

❶ くだものの かずしらべを します。 📖教②32〜34ページ❶❷

① くだものの かずだけ
いろを ぬりましょう。

40てん(1つ10)

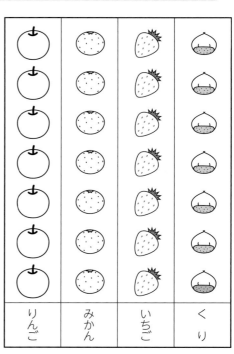

② いちばん おおい
くだものは なんですか。

10てん

（　　　　　　　　）

③ いちばん すくない
くだものは なんですか。

10てん

（　　　　　　　　）

④ くだものの かずを かきましょう。　40てん(1つ10)

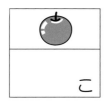 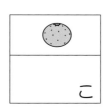 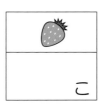 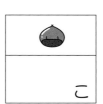

| こ | こ | こ | こ |

きょうかしょ 📖 ②32〜34ページ

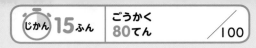

⑥　わかりやすく　せいりしよう　……(2)

\もんだいを きちんと よもう!/

[えぐらふに　すると、おおい　すくないが　すぐ　わかります。]

1 2つの　えぐらふの　けっかを　くらべます。　教②35ページ③

1ぱん

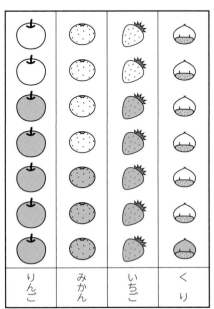

2はん

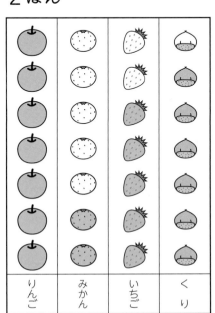

① みかんの　かずが　おおいのは　どちらの
はんですか。　　　　　　　　　　　　　　　30てん

（　　　　　　）

② くりの　かずが　おおいのは　どちらの
はんですか。　　　　　　　　　　　　　　　30てん

（　　　　　　）

③ 2つの　はんで、かずが　おなじ　くだものは
どれですか。　　　　　　　　　　　　　　　40てん

（　　　　　　）

きょうかしょ　②35ページ

31

⑦ 10より おおきい かず ……(1)

\ もんだいを きちんと よもう！ /

[20までの かずは、「10と いくつ」と かぞえます。]

1 かずを かぞえて、□に すうじで かきましょう。

📖教②37〜39ページ**1 2**　100てん(1つ25)

①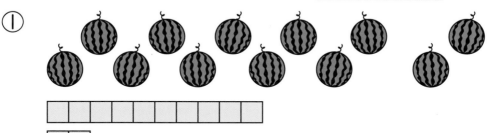

1 2

②

③

④

10より
いくつ
おおいかな。

きょうかしょ📖 ②36〜39ページ

 ⑦ 10より おおきい かず ……(2)

\ もんだいを きちんと よもう！/

［２つずつや ５つずつ かぞえる ほうほうも あります。］

1 かずを かぞえて、□に すうじで かきましょう。

📖教②40ページ 60てん（1つ20）

① 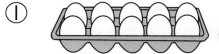  14

②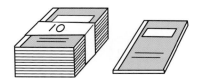

③

10ぴきを
まるで
かこもう。

2 まとめて かぞえて、□に すうじで かきましょう。

📖教②40ページ 40てん（1つ20）

① 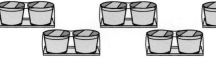   16

②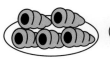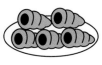

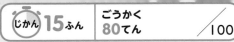

⑦ 10より おおきい かず ……(3)

サクッと
こたえ
あわせ
こたえ 86ページ

\もんだいを きちんと よもう!/
[20までの かずは、「10」と 「いくつ」に わかれます。]

1 えを みて こたえましょう。 📖教②40ページ4   30てん(1つ15)

まえ　　　　　　　　　　　　　　　　　　　　　　　　うしろ

① なんびき ならんで いますか。 ｜15｜ひき

② ぺんぎんは、まえから
なんばんめですか。 ｜　｜ばんめ

⚠️ミスにちゅうい!
2 かくれて いる かずは いくつですか。 📖教②41ページ5
30てん(1つ15)

① ｜12｜ 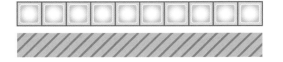 ｜　｜

② ｜18｜ 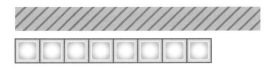 ｜　｜

3 □に あう かずを かきましょう。 📖教②41ページ⑥ 40てん(1つ10)

① 10と 1で ｜　｜　② 10と 4で

③ 19は ｜　｜と 9　④ 17は 10と

きょうかしょ📖 ②40〜41ページ

じかん 15ふん　ごうかく 80てん　／100

がつ　にち

サクッと
こたえ
あわせ

こたえ 86ページ

⑦　10より　おおきい　かず　……(4)

\もんだいを きちんと よもう!/

[かずのせんは、みぎへ　いくほど　かずが　おおきく　なります。]

1 どこまで　すすみましたか。かずのせんの　めもりを　みて、
かずを　かきましょう。　📖教②42〜43ページ**7**　　　20てん(1つ10)

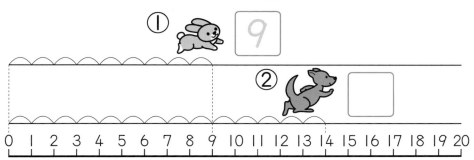

2 **1**の　かずのせんの　めもりを　みて、□に　あう　かずを
かきましょう。　📖教②43ページ⑨　　　40てん(□1つ10)

① — 13 | 14 | 15 | ☐ —

② — 12 | ☐ | ☐ | 18 | 20 —

\よくよんで!/

3 **1**の　かずのせんの　めもりを　みて、つぎの　かずを
かきましょう。　📖教②43ページ⚠　　　20てん(1つ10)

①　12より　3　おおきい　かず　☐

②　15より　2　ちいさい　かず　☐

4 まとめて　かぞえて、□に　すうじで　かきましょう。

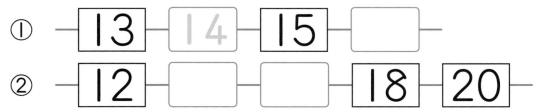

📖教②43ページ⚠　20てん

☐ こ

きょうかしょ📖 ②42〜43ページ

⑦ 10より おおきい かず ……(5)
かずと しき

こたえ 87ページ

\ もんだいを きちんと よもう！ /
[20までの かずは、「10」と 「いくつ」を あわせて できて います。]

❶ □に あう かずを かきましょう。 📖教②44ページ❶⚠

40てん（1つ10）

① 10に 2を たした かず
10＋2＝ 12

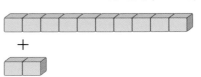

② 10に 8を たした かず
10＋8＝ □

③ 14から 4を ひいた かず
14－4＝ 10

④ 16から 6を ひいた かず
16－6＝ □

⚠ミスにちゅうい！
❷ けいさんを しましょう。 📖教②44ページ⚠

60てん（1つ10）

① 10＋3＝ 13   ② 10＋5

③ 10＋9   ④ 12－2

⑤ 15－5   ⑥ 13－3

きょうかしょ📖 ②44ページ

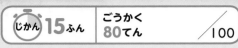

⑦　10より　おおきい　かず　……(6)
20より　おおきい　かず

こたえ 87ページ

\もんだいを きちんと よもう!/

[「10のまとまり」が　いくつと　あと　「いくつ」で　かぞえましょう。]

1　□に　あう　かずを　かきましょう。　📖教②46ページ❶　40てん(1つ10)

①

②

③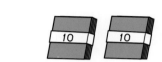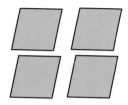

④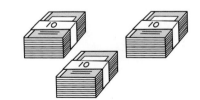

⚠ミスにちゅうい!

2　けいさんを　しましょう。　📖教②45ページ⑤　60てん(1つ10)

① 12+5 = 17　　② 11+7

③ 15+4　　④ 18-3

⑤ 17-2　　⑥ 19-6

きょうかしょ 📖 ②45〜47ページ

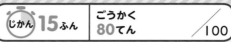

こたえ 87ページ

⑦ 10より おおきい かず

1 かずを かぞえて、□に すうじで かきましょう。

30てん（1つ15）

①

②

よくよんで!

2 かずのせんを みて こたえましょう。

40てん（1つ10）

0 1 2 3 4 5 6 7 8 9 10 11 12 13 14 15 16 17 18 19 20

① おおきい ほうに ○を つけましょう。

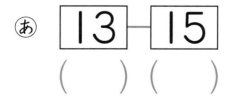

あ 13 — 15　　い 20 — 18

（　）（　）　　（　）（　）

② □に あう かずを かきましょう。

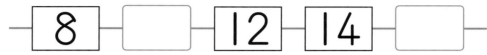

8 — □ — 12 — 14 — □

⚠ミスにちゅうい!

3 けいさんを しましょう。

30てん（1つ5）

① 10+6　　② 12+6　　③ 16+3

④ 18−8　　⑤ 17−4　　⑥ 19−5

きょうかしょ ②36〜47ページ

きほんの
ドリル
39。

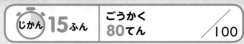

じかん **15**ふん ／ ごうかく **80**てん ／100 ／ がつ　にち

サクッと
こたえ
あわせ
こたえ **87** ページ

⑧　**なんじ　なんじはん**

\もんだいを きちんと よもう！/
[とけいは　みじかい　はりから　よみます。]

❶　とけいを　よみましょう。 📖教②49ページ**1**　　45てん(1つ15)

①　　　　　　　　　②　　　　　　　　　③

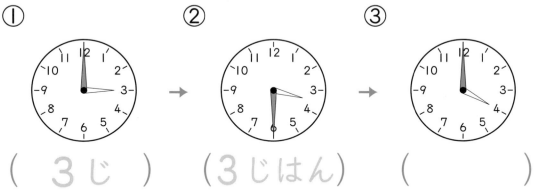

(　3 じ 　)　(3 じはん)　(　　　　)

⚠️ミスにちゅうい！
❷　ながい　はりを　かきましょう。 📖教②49ページ**3**　　40てん(1つ20)

①　**9 じ**　　　　　②　**9 じはん**

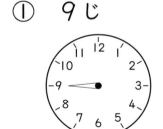　　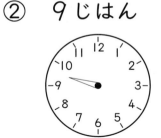

「～じはん」の　ときは、
ながい　はりは
6を　さすよ。

\よくよんで！/
❸　10 じはんの　とけいは　どちらですか。
　　○を　つけましょう。 📖教②49ページ④　　15てん

あ　　　　　　　　い

(　　　)　　　(　　　)

みじかい　はりは、
ちいさい　ほうの
かずを　よんでね。

きょうかしょ📖 ②**48～49**ページ

サクッと
こたえ
あわせ

こたえ 87ページ

⑨ 3つの かずの けいさん ……(1)

\ もんだいを きちんと よもう！/

[2かい ふえる ときは、3つの かずを 1つの しきで あらわせます。]

1 ありが 2ひき いました。そこへ 3びき
きました。また、4ひき きました。ありは、みんなで
なんびきに なりましたか。　📖教②51〜52ページ**1**　20てん(1つ10)

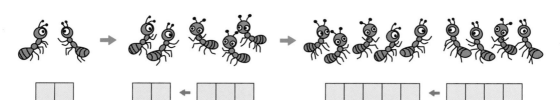

|□□|　|□□ ← □□□|　|□□□□□□ ← □□□□□|

しき　2+3+4=⎡9⎤　　　こたえ ⎡　⎤ひき

⚠ミスにちゅうい！

2 けいさんを しましょう。　📖教②52ページ⚠　80てん(1つ8)

① 1+2+4＝7　　　② 2+3+2

③ 2+1+5　　　④ 3+4+2

⑤ 3+2+1　　　⑥ 9+1+4

⑦ 2+8+3　　　⑧ 5+5+6

⑨ 6+4+7　　　⑩ 3+7+6

きょうかしょ📖 ②51〜52ページ

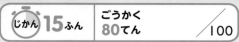

サクッと
こたえ
あわせ
こたえ 88ページ

⑨ 3つの かずの けいさん ……(2)

\もんだいを きちんと よもう!/

[2かい へる ときは、3つの かずを 1つの しきで あらわせます。]

1 あめが 8こ ありました。

きのう 1こ たべました。きょう 5こ たべました。

あめは、なんこ のこって いますか。 📖教②53ページ❸

40てん(1つ20)

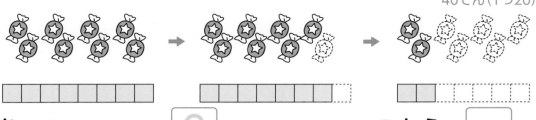

しき 8−1−5= 2   こたえ ☐ こ

2 ばすに 7ひき のって いました。3びき

おりました。つぎに 4ひき のりました。いま

なんびき のって いますか。 📖教②54ページ❺

40てん(1つ20)

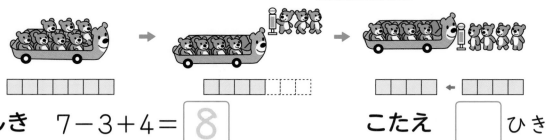

しき 7−3+4= 8   こたえ ☐ ひき

⚠️ミスにちゅうい!

3 けいさんを しましょう。 📖教②54ページ⚠️

20てん(1つ10)

① 7−4+1 = 4   ② 6+3−7

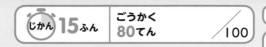

こたえ 88ページ

⑩ どちらが おおい ……(1)

\ もんだいを きちんと よもう！/

[おなじ おおきさの いれものに いれると、みずの たかさで かさが]
[くらべられます。

1 どちらが おおく はいりますか。おおい ほうに ○を
つけましょう。 📖教②55～56ページ**1** 　　　70てん(1つ35)

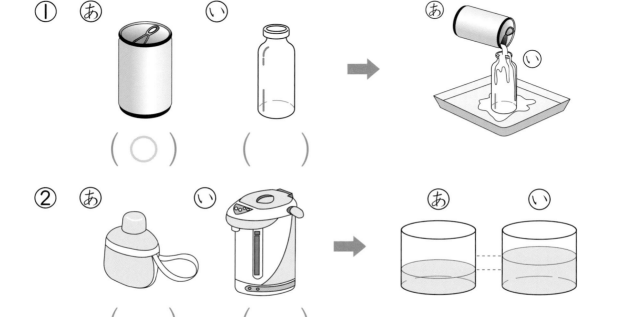

① あ　　　　　い　　　　　　　　あ　　　い

(○)　　　　(　)

② あ　　　　　い　　　　　　　　あ　　　　い

(　)　　　　(　)

⚠ミスにちゅうい！

2 おおく はいって いる じゅんに、あ、い、うを
かきましょう。 📖教②57ページ 　　　30てん(1つ10)

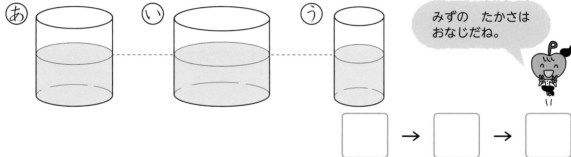

あ　　　　　い　　　　　う

みずの たかさは
おなじだね。

☐ → ☐ → ☐

きょうかしょ📖 ②55～57ページ

⑩　どちらが　おおい　　　　……(2)

こたえ 88ページ

\ もんだいを きちんと よもう！ /

［こっぷの　かずが　おおい　すくないで、かさが　くらべられます。］

1 えを　みて　こたえましょう。　📖教②57〜58ページ4

70てん（①1つ20、②1つ15）

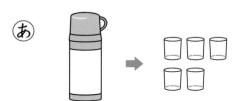

あ

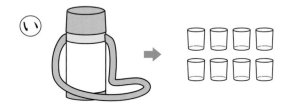

い

① 🥛で　なんばい　はいりますか。

　　あ 🥛で 5 はい　　　　い 🥛で ⬚ はい

② どちらが　どれだけ　おおく　はいりますか。

　　⬚ の　ほうが、⬚ ばいぶん　おおく　はいる。

2 おおく　はいる　じゅんに、あ、い、うを
かきましょう。　📖教②58ページ5

30てん（1つ10）

あ　　　　　　　　　い　　　　　　　　　う

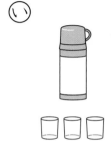

⬚ → ⬚ → ⬚

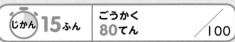

⑪ たしざん　　　　　　　……(1)

＼もんだいを きちんと よもう！／
[くりあがりの ある たしざんは、まず 10を つくります。]

1 9+3の けいさんの しかたを かんがえます。
ずを みて、□に かずを かきましょう。　📖教②61〜62ページ**1**

50てん (□1つ10)

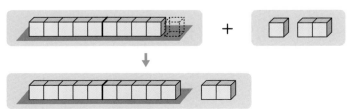

＋

↓

9は、あと
いくつで 10に
なるかな。

① 9は あと □|□ で 10。

② 3を □ と 2に わける。

③ 9に □ を たして 10。

④ 10と □ で □ 。

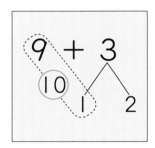

9 + 3
⑩ 1 2

⚠ミスにちゅうい！
2 けいさんを しましょう。　📖教②62ページ⚠

50てん (1つ10)

① 9+4 ＝ |3　　　② 9+2

③ 9+5　　　　　④ 9+6

⑤ 9+7

きょうかしょ📖 ②60〜62ページ

きほんの ドリル 45。

⑪ たしざん ……(2)

じかん 15ふん　ごうかく 80てん　／100

がつ　にち

サクッと こたえ あわせ
こたえ 88ページ

\もんだいを きちんと よもう!/

[8は　あと　2で　10に　なります。]

1 8+5の　けいさんの　しかたを　かんがえます。
ずを　みて、□に　かずを　かきましょう。 📖教②64ページ❸

50てん(□1つ10)

 +

↓

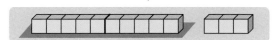

8は、あと　2で
10に　なるね。

① 8は　あと　[2]で　10。

② 5を　[　]と　3に　わける。

③ 8に　[　]を　たして　10。

④ 10と　[　]で　[　]。

8 + 5
(10)　2　3

⚠️ミスにちゅうい!

2 けいさんを　しましょう。 📖教②65ページ⑤

50てん(1つ10)

① 8+3＝| |

② 8+4

③ 8+7

④ 8+6

⑤ 8+8

きょうかしょ📖 ②64〜65ページ

45

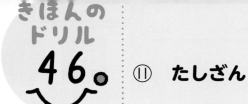
きほんの
ドリル
46。

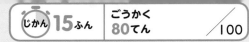
じかん 15ふん ｜ ごうかく 80てん ／100 ｜ がつ　にち

サクッと
こたえ
あわせ
こたえ 88ページ

⑪　たしざん　　　　　　　　……(3)

\ もんだいを きちんと よもう！/
[ちいさい　ほうの　かずを　2つに　わけて、けいさんを　しましょう。]

❶ 3＋8の　けいさんの　しかたを　かんがえます。
ずを　みて、□に　かずを　かきましょう。　📖教②66ページ❽

40てん(□1つ8)

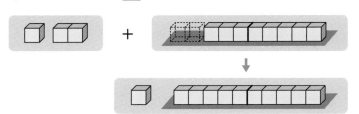

ちいさい
ほうの　かずを
2つに
わけよう。

①　8は　あと　2　で　10。

②　3を　□　と　1に　わける。

③　8に　□　を　たして　10。

④　10と　□　で　□　。

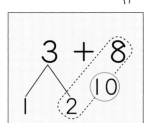

❷ けいさんを　しましょう。　📖教②67ページ⚠　　32てん(1つ8)

①　2＋9＝11

②　5＋9

③　4＋7

④　6＋8

\ よくよんで！/
❸ りかさんは、どんぐりを　6こ、かずきさんは　7こ
ひろいました。あわせて　なんこ　ひろいましたか。
　📖教②67ページ⚠　28てん(しき14・こたえ14)

しき　6＋7＝　　　　　こたえ　□こ

きょうかしょ📖②66〜67ページ

⑪ **たしざん**
かあどを　つかって

……(4)

こたえ 89ページ
サクッと
こたえ
あわせ

\ もんだいを きちんと よもう！ /
[たしざんかあどを　つくって、くりかえし　れんしゅうを　しましょう。]

❶ かあどの　うらに　こたえを　かきましょう。
📖教②68ページ
60てん（1つ10）

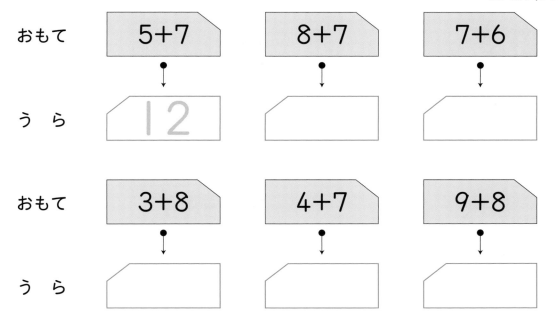

おもて　　5+7　　8+7　　7+6

うら　　12

おもて　　3+8　　4+7　　9+8

うら

⚠️ミスにちゅうい！
❷ こたえが　おなじ　かあどを　───で　むすびましょう。
📖教②68〜69ページ　40てん（1つ10）

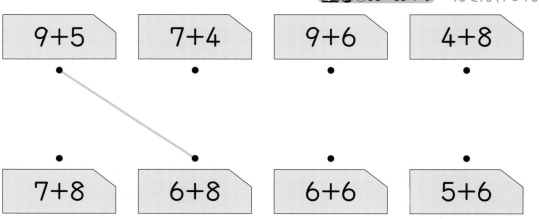

9+5　　7+4　　9+6　　4+8

7+8　　6+8　　6+6　　5+6

⑪ たしざん

1 たしざんを しましょう。　　　　　　　　10てん

$3 + 9 =$ ☐　　　☐☐☐ ＋ ☐☐☐☐☐☐☐☐☐

⚠️ミスにちゅうい!

2 けいさんを しましょう。　　　　　　　30てん(1つ5)

① 9＋2　　　　　② 8＋6

③ 4＋9　　　　　④ 9＋7

⑤ 8＋3　　　　　⑥ 5＋9

⚠️ミスにちゅうい!

3 こたえが おおきい ほうに ○を つけましょう。
　　　　　　　　　　　　　　　　　　　20てん(1つ10)

①

[7＋7]　[6＋9]

②

[5＋8]　[9＋3]

（　　）（　　）　（　　）（　　）

よくよんで!

4 ちゅうしゃじょうに、くるまが 8だい とまって
います。4だい はいって くると、くるまは
ぜんぶで なんだいに なりますか。　40てん(しき20・こたえ20)

しき ☐　　　　こたえ ☐だい

きょうかしょ 📖 ②60〜70ページ

⏱じかん **15**ふん ┃ ごうかく **80**てん ／100

がつ　にち

サクッと
こたえ
あわせ
こたえ **89**ページ

⑫　**かたちあそび**　　　　　　　　……(1)

\ もんだいを きちんと よもう！ /

[はこ、つつ、ぼうる、さいころのような　かたちに　わけて
かんがえましょう。]

❶ おなじ　かたちの　なかまを　──で　むすびましょう。

📖教②72〜74ページ**❶❷**　80てん(1つ20)

⚠ミスにちゅうい！

❷ ジュース と　にて　いる　かたちは　どれでしょうか。
ぜんぶに　○を　つけましょう。　📖教②74ページ**❷**⚠ 20てん(1つ10)

あ　　　　　　い　　　　　　う　　　　　　え

(　　)　　　(　　)　　　(　　)　　　(　　)

お　　　　　　か　　　　　　き　　　　　　く

(　　)　　　(　　)　　　(　　)　　　(　　)

\もんだいを きちんと よもう！/

[うつして かいた かたちは、まる、ましかく、ながしかく、さんかくに なって います。]

1 そこの かたちを うつして かいた かたちは どれですか。—— で むすびましょう。 📖教②75ページ4

80てん(1つ20)

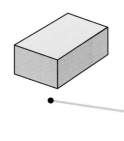

\よくよんで！/

2 したの つみきの かたちを うつして かいた かたちに、ぜんぶ ○を つけましょう。 📖教②75ページ4

20てん(1つ10)

( )   ( )

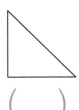

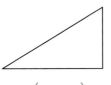

( )   ( )   ( )

きょうかしょ📖 ②75ページ

じかん 15ふん　ごうかく 80てん　/100
がつ　にち
サクッと
こたえ
あわせ
こたえ 90ページ

⑬ ひきざん　　　　　……(1)

\ もんだいを きちんと よもう！ /

[くりさがりの　ある　ひきざんは、まず　「10いくつ」を　「10」と
「いくつ」に　わけます。]

1 12−9の　けいさんの　しかたを　かんがえます。
ずを　みて、□に　かずを　かきましょう。　📖教②77〜78ページ**1**

50てん（□1つ10）

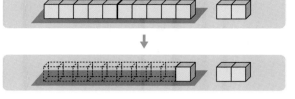

12を　10と　2に
わけて、10から
9を　ひくんだね。

① 2から　9 は　ひけない。

② 12を　10と □ に　わける。

③ 10から □ を　ひいて　1。

④ 1と □ で □ 。

⚠️ミスにちゅうい！
2 けいさんを　しましょう。　📖教②78ページ⚠️

50てん（1つ10）

① 11−9＝2　　　② 14−9

③ 13−9　　　④ 16−9

⑤ 15−9

サクッと
こたえ
あわせ
こたえ 90ページ

⑬ **ひきざん** ‥‥‥(2)

\もんだいを きちんと よもう！/
[8を ひく ときは、まず 10から 8を ひきます。]

❶ 11−8の けいさんの しかたを かんがえます。
ずを みて、□に かずを かきましょう。 📖教②79ページ❸

50てん（□1つ10）

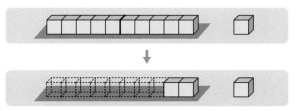

10から
ひくんだね。

① 1から 8 は ひけない。

② 11を □ と 1に わける。

③ 10から □ を ひいて 2。

④ 2と □ で □。

11 − 8

10　1

⚠️ミスにちゅうい！

❷ けいさんを しましょう。 📖教②80ページ⚠️ 50てん（1つ10）

① 13−8＝5 ② 14−8

③ 12−8 ④ 15−8

⑤ 16−8

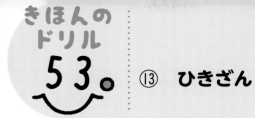
きほんの
ドリル
53。

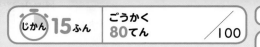
じかん 15ふん　ごうかく 80てん　／100

がつ　にち

サクッと
こたえ
あわせ
こたえ 90ページ

⑬　ひきざん　　　　　　　　　　……(3)

\もんだいを きちんと よもう!/
[7や 6を ひく ときも、まず 10から ひきます。]

❶ けいさんを しましょう。　📖教②80ページ⑤　　　60てん(1つ10)

①　11−7＝4　　　　　　②　11−6

③　12−7　　　　　　　　④　12−6

⑤　13−7　　　　　　　　⑥　14−6

\よくよんで!/
❷ いちごが 11こ ありました。
4こ たべました。
のこりは なんこですか。

📖教②80ページ⑥　20てん(しき10・こたえ10)

しき ┃11−4＝　　　┃　　こたえ こ

\よくよんで!/
❸ きってが 15まい、ふうとうが 6まい あります。
どちらが なんまい おおいでしょうか。　📖教②80ページ⑦

20てん(しき10・こたえ□1つ5)

しき ┃　　　　　　　　　┃

こたえ ┃　　　　　　　┃ が ┃　　┃ まい おおい。

きほんの
ドリル
54.

⏱ じかん 15ふん ｜ ごうかく 80てん ／100

がつ　にち

サクッと
こたえ
あわせ
こたえ 90ページ

⑬ ひきざん　　　　　　　　　……(4)

\もんだいを きちんと よもう!/
[ひくかずを　2つに　わけて、じゅんに　ひいて　いきましょう。]

❶ 11－3の　けいさんの　しかたを　かんがえます。
ずを　みて、□に　かずを　かきましょう。　📖教②81ページ8

60てん(□1つ12)

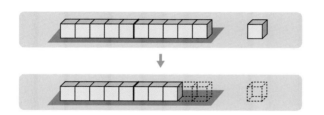

💬 11から　1を　ひいて、
10から　のこりの
2を　ひくんだね。

① 1から　│3│は　ひけない。

② 3を　□　と　2に　わける。

③ 11から　□　を　ひいて　10。

④ 10から　□　を　ひいて　□。

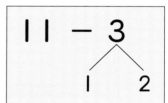

11 － 3
　／　＼
　1　　2

\よくよんで!/
❷ すずめが　16わ　いました。
7わ　とんで　いきました。
のこりは　なんわですか。　📖教②82ページ⚠

40てん(しき20・こたえ20)

しき ［　　　　　　　　　　　　　　　］

こたえ □ わ

きょうかしょ📖 ②81～82ページ

⑬ ひきざん
かあどを つかって

……(5)

じかん 15ふん ｜ ごうかく 80てん ／100

がつ にち

サクッと
こたえ
あわせ
こたえ 90ページ

＼もんだいを きちんと よもう！／

[ひきざんかあどを つくって、くりかえし れんしゅうを しましょう。]

❶ かあどの うらに こたえを かきましょう。

📖教②83ページ　60てん(1つ10)

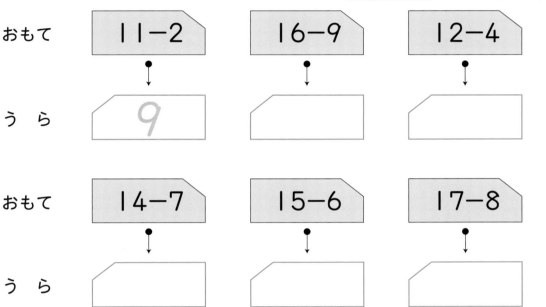

おもて　11－2　　16－9　　12－4

うら　9

おもて　14－7　　15－6　　17－8

うら

⚠ミスにちゅうい！

❷ こたえが おなじ かあどを ——で むすびましょう。

📖教②83〜84ページ　40てん(1つ10)

15－7　　13－7　　16－7　　12－5

11－5　　11－4　　16－8　　18－9

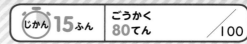

じかん 15ふん
ごうかく
80てん /100
がつ　にち

サクッと
こたえ
あわせ
こたえ 90 ページ

1 ひきざんを　しましょう。　　　　　20てん

$$13-4=\boxed{}$$

⚠️ミスにちゅうい！

2 けいさんを　しましょう。　　　　30てん（1つ5）

① 13−8　　　　② 12−3

③ 16−9　　　　④ 11−6

⑤ 15−7　　　　⑥ 13−4

⚠️ミスにちゅうい！

3 こたえが　おおきい　ほうに　○を　つけましょう。

20てん（1つ10）

①　　　　　　　　　　　②

14−5 — 17−9　　　12−7 — 15−9

（　　　）（　　　）　（　　　）（　　　）

よくよんで！

4 しろい　はなが　7ほん、あかい　はなが　14ほん
さいて　います。しろい　はなと　あかい　はなの
かずの　ちがいは　なんぼんですか。　30てん（しき15・こたえ15）

しき [　　　　　　　　　]　　こたえ [　] ほん

きょうかしょ ②76〜85ページ

どちらが　おおい／たしざん

1 おおい　ほうに　〇を　つけましょう。　30てん（1つ15）

① 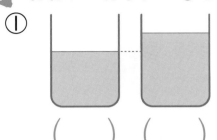　（　）（　）

② 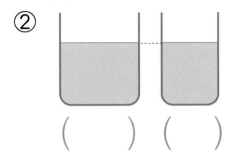　（　）（　）

2 けいさんを　しましょう。　45てん（1つ5）

① 7＋9　② 8＋8　③ 9＋9

④ 6＋8　⑤ 4＋7　⑥ 6＋6

⑦ 9＋5　⑧ 7＋7　⑨ 3＋8

3 すずめが　8わ　いました。5わ　とんで　きました。
あわせて　なんわに　なりますか。　25てん（しき15・こたえ10）

しき [　　　]　こたえ [　] わ

じかん 15ふん
ごうかく 80てん ／100
がつ　にち
サクッと
こたえ
あわせ
こたえ 91 ページ

かたちあそび／ひきざん

1 みぎの　えを　かくのに
つかった　つみきに　○、
つかわなかった　つみきに　×を
かきましょう。　　40てん（1つ10）

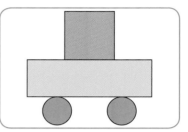

あ 　　い 　　う 　　え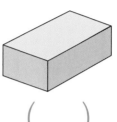

（　　　）　　　（　　　）　　　（　　　）　　　（　　　）

2 けいさんを　しましょう。　　30てん（1つ5）

① 11－4　　　　② 14－5

③ 16－8　　　　④ 12－9

⑤ 15－6　　　　⑥ 13－7

3 みかんが　8こ、さくらんぼが　12こ　あります。
みかんと　さくらんぼの　かずの　ちがいは
なんこですか。　　30てん（しき15・こたえ15）

しき ＿＿＿＿＿＿＿＿＿　　こたえ □ こ

⑭　おおきい　かず　　……（1）

\もんだいを きちんと よもう！/
［10の　まとまりを　つくりながら　かぞえましょう。］

1　かずを　かぞえて、すうじで　かきましょう。

📖教 ②91〜95ページ**1****2**⚠️⚠️　100てん（1つ25）

①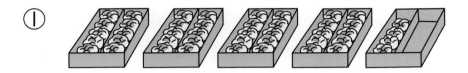

十のくらい	一のくらい
4	4

②

十のくらい	一のくらい

③

十のくらい	一のくらい

④

10わずつ
まとめて
みよう！

十のくらい	一のくらい

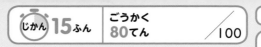

じかん 15ふん ／ ごうかく 80てん ／100

サクッと
こたえ
あわせ

こたえ **92**ページ

⑭ **おおきい　かず**　　　……(2)

\ もんだいを きちんと よもう！/

[2けたの　かずは、十のくらいと　一のくらいの　すうじで　あらわします。]

1 □に　あう　かずを　かきましょう。　📖教②96ページ**5**⚠⚠

100てん（□1つ10）

① 10が　8こと　1が　4こで　84

② 10が　7こで　□

③ 54は、10が　□こと　1が　□こ

④ 60は、10が　□こ

⑤ 十のくらいが　9、一のくらいが　2の　かずは

□

⑥ 47の　十のくらいの　すうじは　□、

一のくらいの　すうじは　□

⑦ 80の　十のくらいの　すうじは　□、

一のくらいの　すうじは　□

十のくらいの　すうじは　ひだりに、
一のくらいの　すうじは　みぎに
かきます。

きょうかしょ📖 ②96ページ

じかん 15ふん　ごうかく 80てん　／100

がつ　にち

サクッと
こたえ
あわせ

こたえ 92ページ

⑭ おおきい　かず　……(3)

99より　おおきい　かず　……(1)

\ もんだいを きちんと よもう！/

[100は、10が　10こ　あつまった　かずです。]

1 かずを　かぞえて、すうじで　かきましょう。

📖教 ②97〜98ページ **1** ⚠　100てん（1つ25）

①

1	0	0

②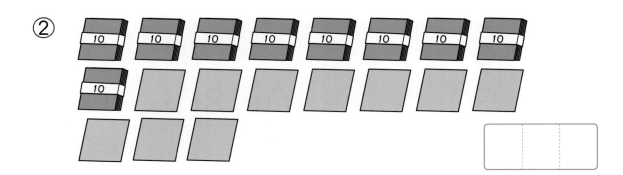

③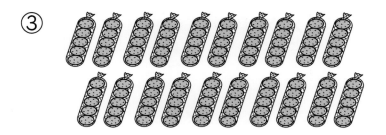

④

きょうかしょ📖 ②97〜98ページ

⑭　**おおきい　かず**　……(4)
　　99より　おおきい　かず　……(2)

サクッと
こたえ
あわせ
こたえ **92ページ**

\ もんだいを きちんと よもう！ /
[かずのせんは、みぎへ　いくほど　かずが　おおきく　なります。]

❶ ☐に　あう　かずを　かきましょう。　📖教②100ページ⑥⚠⚠

70てん(☐1つ10)

50　　60　　70　　80　　90　　100

① 60より　3　おおきい　かずは　**63**

② 100より　7　ちいさい　かずは　☐

③ | 81 | 82 | ☐ | 84 | 85 |

④ | 50 | ☐ | 70 | 80 | 90 |

⑤ | 55 | 60 | 65 | ☐ | 75 |

⑥ | 90 | ☐ | 88 | ☐ | 86 |

⚠ミスにちゅうい！
❷ おおきい　ほうに　○を　つけましょう。　📖教②100ページ⚠

30てん(1つ10)

① 60 58　　② 85 68　　③ 91 89

（　）（　）　　（　）（　）　　（　）（　）

きょうかしょ📖 ②99〜100ページ

⑭ **おおきい　かず**　……(5)
100より　おおきい　かず

こたえ 92ページ

\ もんだいを きちんと よもう！/
［100より　おおきい　かずは、「100と　いくつ」と　かぞえます。］

1 かずを　かぞえて、すうじで　かきましょう。　教②101ページ1⚠

60てん（□1つ15）

①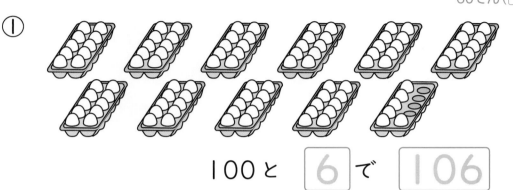

100と　6　で　106

②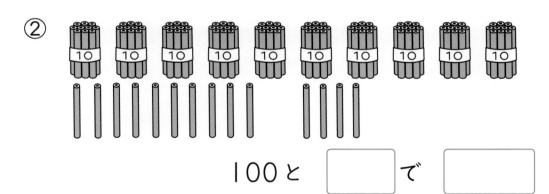

100と　□　で　□

⚠ミスにちゅうい！
2 □に　あう　かずを　かきましょう。　教②101ページ⚠

40てん（□1つ10）

①

99	100	101	102	

②

116		118		120

⑭ **おおきい　かず** ……(6)
かずと　しき ……(1)

\もんだいを きちんと よもう！/

[「25は　20と　5」のように、なん十と　いくつに　わかれます。]

❶ 25は　20と　5です。 ☐に　かずを　かきましょう。

教②102ページ❶⚠　20てん(1つ10)

① 20に　5を　たした　かず

20＋5＝ 25

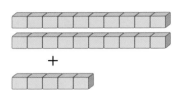

② 25から　5を　ひいた　かず

25－5＝ 20

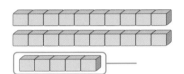

⚠ミスにちゅうい！

❷ けいさんを　しましょう。 教②102ページ❸　80てん(1つ10)

① 30＋4 ＝34 　② 40＋9

③ 50＋6 　④ 60＋7

⑤ 46－6 　⑥ 58－8

⑦ 63－3 　⑧ 75－5

きょうかしょ ②102ページ

じかん 15ふん ｜ ごうかく 80てん ／100 ｜ がつ　にち

⑭ **おおきい　かず**　　　……(7)
かずと　しき　　　　　　……(2)

サクッと
こたえ
あわせ
こたえ **92**ページ

＼ もんだいを きちんと よもう！ ／

[2けたの　かずは、10の　まとまりと　いくつに　わけて
けいさんします。

❶ 24＋3の　けいさんの　しかたを　かんがえます。
ずを　みて、□に　かずを　かきましょう。　　📖教②103ページ❹

50てん（□1つ10）

① 24を　20と　[4]に　わける。

② 4と　[　]を　たして　[　]。

③ 20と　[　]で　[　]。

❷ 27－5の　けいさんの　しかたを　かんがえます。
ずを　みて、□に　かずを　かきましょう。　　📖教②103ページ❹

50てん（□1つ10）

① 27を　20と　[7]に　わける。

② 7から　[　]を　ひいて　[　]。

③ 20と　[　]で　[　]。

ひく ときも 10の
まとまりと いくつに
わけて かんがえるよ。

⑭ **おおきい　かず**　　　……(8)

かずと　しき　　　　　……(3)

\ もんだいを きちんと よもう！ /

[たしざんも　ひきざんも、10の　たばの　かずで　けいさんします。]

❶ いろがみは、ぜんぶで　なんまい　ありますか。

📖教②104ページ❻　　20てん(しき10・こたえ10)

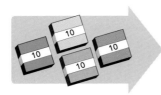

しき　$40 + 30 =$　　　こたえ ☐ まい

10の　たばで かんがえると、 4＋3＝7に なるね。

❷ いろがみが　50まい　あります。30まい　つかうと、 のこりは　なんまいですか。　📖教②104ページ❼

20てん(しき10・こたえ10)

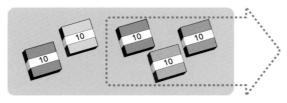

しき　$50 - 30 =$　　　こたえ ☐ まい

10の　たばで かんがえると、 5－3＝2に なるね。

⚠️ミスにちゅうい！

❸ けいさんを　しましょう。　📖教②104ページ⚠️　　60てん(1つ10)

① $40 + 10$　　　　② $60 - 20$

③ $50 + 20$　　　　④ $90 - 60$

⑤ $70 + 30$　　　　⑥ $100 - 80$

まとめの
ドリル
67。

じかん 15ふん ｜ ごうかく 80てん ／100

がつ にち
サクッと
こたえ
あわせ
こたえ 93ページ

⑭ おおきい かず

1 かずを すうじで かきましょう。　　　　　　20てん

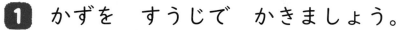

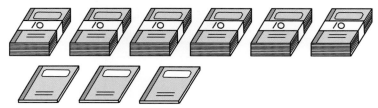

⚠ミスにちゅうい！

2 □に あう かずを かきましょう。　　40てん（□1つ5）

① 10が 4こと 1が 7こで □

② 十のくらいが 6、一のくらいが 8の かずは

□

③ 59の 十のくらいの すうじは □、

一のくらいの すうじは □

④ ─ 80 ─ □ ─ 100 ─ □ ─ 120 ─

⑤ ─ 85 ─ 90 ─ □ ─ 100 ─ □ ─

3 けいさんを しましょう。　　　　40てん（1つ10）

① 90＋10　　　　② 100－40

③ 70＋8　　　　④ 96－6

⑮ どちらが ひろい

＼ もんだいを きちんと よもう！／

[かどを あわせて あまりが でた ほうが、ひろい ことに なります。]

1 どちらが ひろいですか。㋐、㋑で こたえましょう。

教②106ページ**1** 50てん（1つ25）

①

かさねる ➡

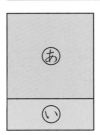

（ ㋑ ）

②

かさねる ➡

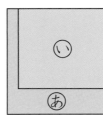

（ 　 ）

[□や △が いくつぶん あるかで、ひろさを くらべます。]

2 どちらが ひろいですか。㋐、㋑で こたえましょう。

教②107ページ**3** 50てん（1つ25）

① ㋐ 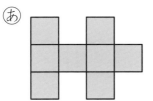　㋑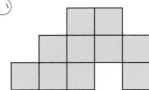

（ 　 ）

② ㋐ 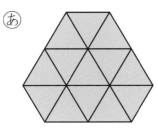　㋑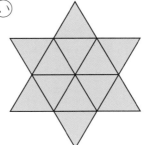

（ 　 ）

⑯ **なんじなんぷん**

\もんだいを きちんと よもう!/

[みじかい はりで 「〜じ」、ながい はりで 「〜ふん」を よみます。]

1 **なんじなんぷんですか。** 教②108〜109ページ❶⚠ 30てん(1つ10)

① ② ③

(9じ 30ぷん)　(　　　　　　)　(　　　　　　)

2 **せんで むすびましょう。** 教②110ページ❸④ 40てん(1つ10)

| 5じ30ぷん | 2:47 | 9じ35ふん | 11:16 |

3 **ながい はりを かきましょう。** 教②110ページ❺ 30てん(1つ10)

① 8じ ② 11じ20ぷん ③ 12じ45ふん

きほんの
ドリル
70。

じかん 15ふん　ごうかく 80てん　／100
がつ　にち
サクッと こたえあわせ
こたえ 93ページ

⑰　**たしざんと　ひきざん**　……（1）

\もんだいを きちんと よもう！/

「まえから　3ばんめまでには　3にん　いる」と　かんがえて、
けいさんを　しましょう。

❶　ゆみさんは、まえから　3ばんめに　います。
　　ゆみさんの　うしろに　7にん　います。
　　みんなで　なんにん　いますか。　　📖教②112ページ❶

50てん（あい1つ10・しき15・こたえ15）

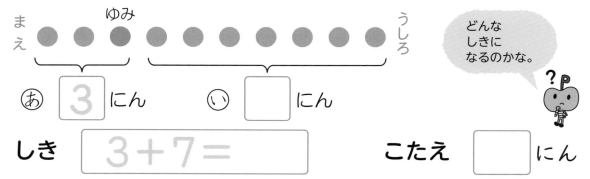

どんな
しきに
なるのかな。

あ　3　にん　　い　☐　にん

しき　3＋7＝　　　　　こたえ　☐　にん

\よくよんで！/

❷　えいがかんで　14にん　ならんで　います。
　　たけるさんは、まえから　9ばんめに　います。
　　たけるさんの　うしろには　なんにん　いますか。

📖教②113ページ❷　50てん（あい1つ10・しき15・こたえ15）

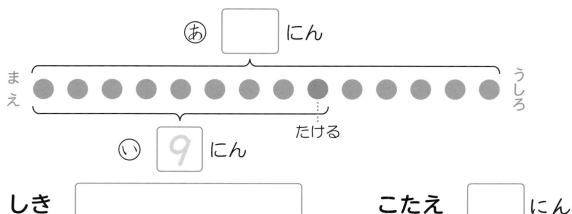

あ　☐　にん

まえ　　　　　　　　　　　　うしろ
たける

い　9　にん

しき　☐　　　　　こたえ　☐　にん

⑰　たしざんと　ひきざん　……(2)

＼もんだいを きちんと よもう！／

[「6にんが　たべる　ドーナツの　かずは　6こ」と　かんがえて、
けいさんを　しましょう。]

1　こどもが　6にん　います。ひとりに　1こずつ
ドーナツを　くばると、3こ　あまります。
　　ドーナツは、ぜんぶで　なんこ　ありますか。

📖教②114ページ**3**　50てん（あい1つ10・しき15・こたえ15）

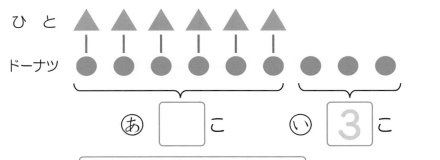

ひと

ドーナツ

あ ☐ こ　　い 3 こ

「ぜんぶで」は
たしざんだね。

しき　6＋3＝　　　　こたえ ☐ こ

＼よくよんで！／

2　いすが　5こ　あります。8にんで
いすとりゲームを　します。いすに　すわれない
ひとは　なんにんですか。

📖教②115ページ**4**

50てん（あい1つ10・しき15・こたえ15）

あ ☐ こ

しき
☐

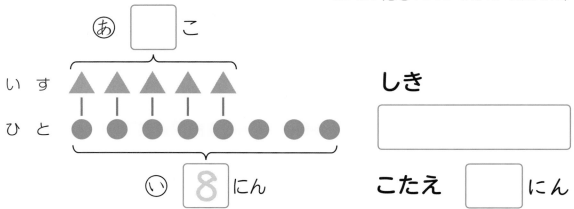

いす

ひと

い 8 にん

こたえ ☐ にん

⑰ たしざんと ひきざん ……(3)

\もんだいを きちんと よもう！/

[「おおく」は たしざん、「すくなく」は ひきざんで こたえを だします。]

❶ あかい はなが 8ほん さいて います。しろい
はなは、あかい はなより 6ぽん おおく さいて
います。しろい はなは なんぼん さいて いますか。

📖教②116ページ5⚠ 50てん(あい1つ10・しき15・こたえ15)

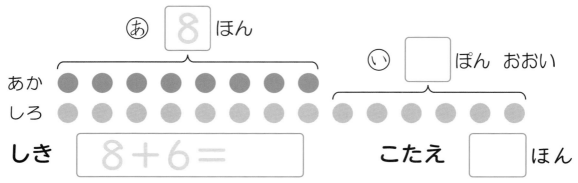

あ 8 ほん

い ［　］ぽん おおい

あか ●●●●●●●●
しろ ●●●●●●●● ●●●●●●

しき 8 + 6 =　　こたえ ［　］ほん

\よくよんで！/

❷ みかんを 12こ かいました。りんごは、
みかんより 5こ すくなく かいました。りんごは
なんこ かいましたか。 📖教②117ページ7⚠

50てん(あい1つ10・しき15・こたえ15)

あ 12 こ

みかん ●●●●●●● ●●●●●
りんご ●●●●●●● ○○○○○

い ［　］こ すくない

しき ［　　　　　　　　　　］　　こたえ ［　］こ

⑰　たしざんと　ひきざん　……(4)

\もんだいを きちんと よもう!/

[もんだいに　あわせて　ずに　かいて　みると　よいでしょう。]

❶　バスていに　ひとが　ならんで　います。

かずきさんの　まえに　3にん、うしろに　5にん　います。

みんなで　なんにん　ならんで　いますか。

📖教②118〜119ページ❾　50てん(あい1つ10・しき15・こたえ15)

あ ③ にん　　　い □ にん

まえ　　　かずき　　　うしろ

しき　3+1+5＝　　こたえ □ にん

⚠ミスにちゅうい!

❷　きっぷうりばに　ひとが　ならんで　います。

りかさんの　まえに　6にん、うしろに　4にん　います。

みんなで　なんにん　ならんで　いますか。

📖教②118〜119ページ❾　50てん(あい1つ10・しき15・こたえ15)

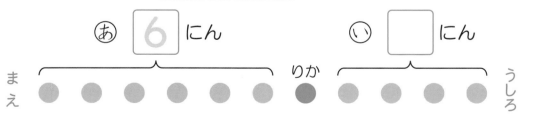

あ ⑥ にん　　　い □ にん

まえ　　　りか　　　うしろ

しき □　　こたえ □ にん

きほんの
ドリル
74。
⑱　**かたちづくり**　　　　　　　　……（１）

じかん 15ふん
ごうかく 80てん　　／100
がつ　にち

サクッと
こたえ
あわせ
こたえ 94ページ

＼もんだいを きちんと よもう！／

［いろいたは　ぜんぶ　おなじ　かたちです。］

❶　なんまいの　いろいたで　できて　いますか。
　　□に　かずを　かきましょう。　📖教②120ページ❶、122ページ❹

60てん（1つ20）

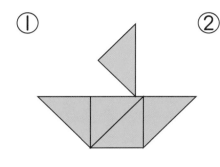　　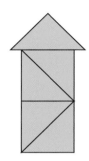　　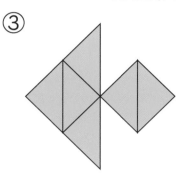

①
②
③

5 まい　　　　□ まい　　　　□ まい

＼よくよんで！／

❷　いろいたを　どのように　ならべると、つぎのような
　かたちに　なりますか。〔れい〕のように、せんを　かきましょう。

📖教②121ページ❷、122ページ❹　40てん（1つ10）

〔れい〕　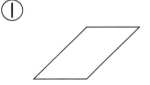　　①　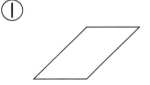　　②　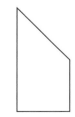

③　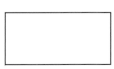　　④　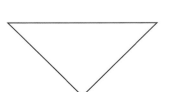

いろいたは
おなじ
かたちだね。

きょうかしょ📖②120〜122ページ

⑱ **かたちづくり** ……(2)

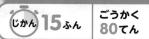
じかん 15ふん

ごうかく
80てん ／100

がつ　にち

サクッと
こたえ
あわせ

こたえ 94ページ

\ もんだいを きちんと よもう！ /

1 かぞえぼうを なんぼん つかって いますか。

□に かずを かきましょう。　📖教②123ページ⑤　60てん（1つ20）

① 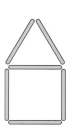　② 　③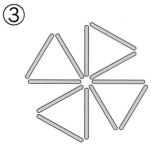

　6 ぽん　　　　　□ ほん　　　　　□ ほん

⚠ミスにちゅうい！

2 ・と ・を せんで つないで、つぎの かたちを
かきましょう。　📖教②124ページ⑥　40てん（1つ20）

① 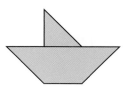　②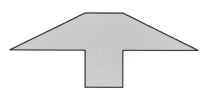

じかん 15ふん　　ごうかく 80てん　　/100

どちらが　ながい／たしざん／ひきざん

1 つくえの　たてと　よこの　ながさを、クレヨンで
くらべます。どちらが　ながいでしょうか。　　20てん

> つくえの　たて……クレヨン　7ほんぶん
> つくえの　よこ……クレヨン　10ぽんぶん

つくえの
（　　　　）

2 けいさんを　しましょう。　　20てん（1つ5）

① 8+5　　　　　② 9+6

③ 4+7　　　　　④ 8+8

3 おとなの　さるが　6とう　います。こどもの
さるが　7とう　います。さるは　ぜんぶで　なんとう
いますか。　　20てん（しき10・こたえ10）

しき [　　　　　　　]　　こたえ [　　]とう

4 けいさんを　しましょう。　　20てん（1つ5）

① 15−8　　　　　② 16−7

③ 12−9　　　　　④ 11−4

5 ぶどうが　17こ　あります。9こ　たべると
のこりは　なんこですか。　　20てん（しき10・こたえ10）

しき [　　　　　　　]　　こたえ [　　]こ

なんじなんぷん／たしざんと　ひきざん

1 なんじなんぷんですか。
30てん（1つ10）

① ② ③

( )　( )　( )

2 けいさんを　しましょう。
60てん（1つ5）

① 9＋8　② 3＋9　③ 12＋6

④ 10＋90　⑤ 50＋6　⑥ 73＋4

⑦ 18－9　⑧ 11－2　⑨ 17－5

⑩ 100－30　⑪ 84－4　⑫ 68－3

3 13にんが　ならんで　います。
みかさんは　まえから　5ばんめに　います。
みかさんの　うしろには　なんにん　いますか。
10てん（しき5・こたえ5）

しき ［　　　　　　］　　こたえ ［　］にん

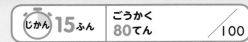

じかん 15ふん　｜　ごうかく 80てん　／100　｜　がつ　にち

サクッと
こたえ
あわせ
こたえ 95ページ

おおきい　かず／かたちづくり

1 □に　あう　かずを　かきましょう。　　30てん（□1つ5）

① 10が　6こと　1が　7こで　□

② 10が　10こで　□

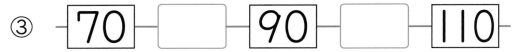

③ 70 ― □ ― 90 ― □ ― 110

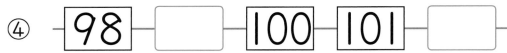

④ 98 ― □ ― 100 ― 101 ― □

2 みぎの　かたちは、
あの　いろいたが
なんまいで　できますか。
　　30てん（1つ10）

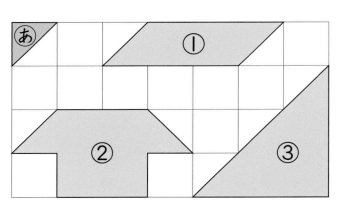

① （　　　）まい　② （　　　）まい　③ （　　　）まい

3 ・と　・を　せんで　つないで、つぎの　かたちを
かきましょう。
　　40てん（1つ20）

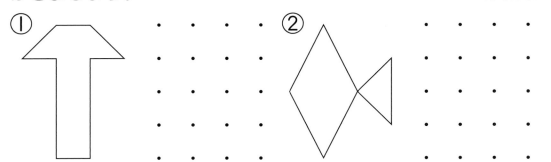

①　②

●ドリルやテストがおわったら、うしろの
「がんばりひょう」にシールをはりましょう。
●まちがえたら、かならずやりなおしましょう。
「考え方」もよみなおしましょう。

1. ① なかまづくりと かず 1ページ

考え方 | 対 | 対応で線で結ばせ、余っ
たほうが多いことに気づかせましょう。

2. ① なかまづくりと かず 2ページ

考え方 ものの数を数えて、同じ数の●
と対応させます。
1～5までの数字が書けるようにします。
書き順にも注意させてください。

3. ① なかまづくりと かず 3ページ

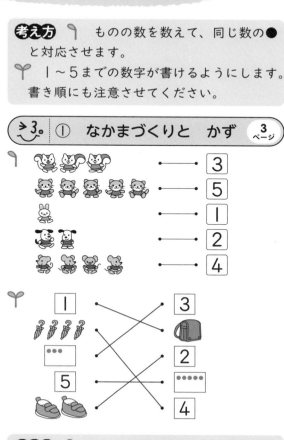

考え方 1～5までの具体的なものの数
を数字で表します。
1～5までの具体的なものと数字と●の
数を対応させます。

4. ① なかまづくりと かず 4ページ

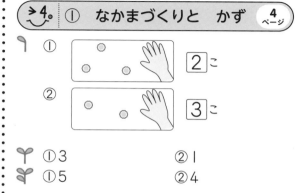

①3　　　　　　②1
①5　　　　　　②4

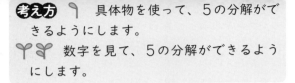

考え方 ❞ 具体物を使って、5の分解ができるようにします。
🌱🌱 数字を見て、5の分解ができるよう
にします。

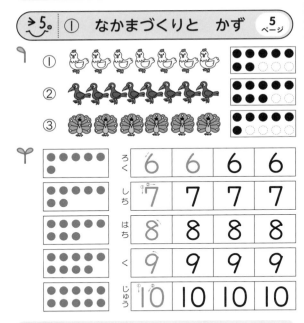

5. ① なかまづくりと かず 5ページ

考え方 ❞ 10までの具体的なものの数を
数えて、同じ数の●と対応させます。
🌱 6～10までの数字がしっかりと書ける
ようにしましょう。

6. ① なかまづくりと かず 6ページ

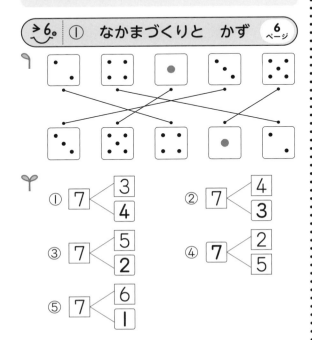

考え方 ❞ サイコロの●の数から、6の合
成ができるようにします。
🌱 おはじきなどの具体物を使って、7の分
解ができるようにしましょう。

7. ① なかまづくりと かず 7ページ

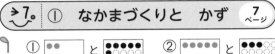
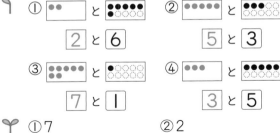

🌱 ①7　　　　②2
　 ③6　　　　④4
　 ⑤4　　　　⑥9

考え方 ❞ ●の数から、8の分解ができる
ようにし、数字でも表せるようにします。
🌱 8、9を、たとえば「2と6」、「4と5」
のように、2つの数に分解できるようにし
ます。

8. ① なかまづくりと かず 8ページ

🌱 ①3　　　　②8
🌱 ①6　　　　②2
　 ③9　　　　④10

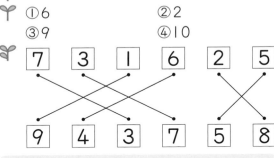

考え方 ❞ 🌱 10を2つの数に分解でき
るようにします。
🌱 10になる数の合成の組み合わせが数字
だけで選べるようにします。

① なかまづくりと かず
9ページ

① ① (　)　(　○　)

② (　○　)　(　)

① 2 3 4 5 6

② 6 7 8 9 10

3　0　5

考え方　具体物の大小、数字の大小が理解できるようにします。

1〜10までの数のどこから始めても、順番に唱えられ、数字を書くことができるようにしましょう。

「何もない」という意味としての0が、他の数字と同じ仲間としてとらえられるようにします。

⑩ ② なんばんめ
10ページ

①まえから　2ひき

②まえから　2ひきめ

③うしろから　5にん

④うしろから　5にんめ

①まえから　3だい

②うしろから　3だいめ

考え方　「まえから〜ひき（にん・だい）」は、先頭から〜ひきめ（にんめ・だいめ）までのまとまりを指し、「まえから〜ひきめ（にんめ・だいめ）」は、1つだけを指します。この違いを理解させることが大切です。

⑪ ② なんばんめ
11ページ

①5ばんめ　　　　②うさぎ
③4ばんめ　　　　④いぬ
①4、3　　　　　②5、2

考え方　順序を表すには基準点が必要で、「まえから」「うしろから」のほかに「うえから」「したから」という表し方もあります。

例えば、みかんの位置が「左から4番目」と「右から3番目」と2通りの表し方があるように、ものの位置を表すには、必ず2通りの表し方があります。基準点を変えると、同じものでも違う表し方があることに気づかせてください。

⑫ ③ あわせて いくつ ふえると いくつ
12ページ

❶ ①4こ　　　　　　②3こ
❷ しき　1＋4＝5　　　こたえ　5ひき
❸ しき　2＋3＝5　　　こたえ　5さつ

考え方　**❶** 具体物をあわせて、数の変化を考えることにより、「あわせる」ことでたし算が用いられることの準備をします。

❷❸ 「あわせる」ことに対してたし算を用いることを、しっかりと理解させます。「あわせて」がたし算になることを強調します。

13. ③ あわせて いくつ ふえると いくつ （13ページ）

❶ ①7ひき　　　　②8ほん
❷ しき　4＋2＝6　　こたえ　6わ
❸ しき　3＋4＝7　　こたえ　7ひき

考え方 ❶ 具体物の増加による数の変化を考えることにより、増加でたし算が用いられることの準備をします。
❷ 増加に対してたし算を用いることを、しっかりと理解させましょう。「ふえると」がたし算になることを強調します。
❸ いけの中にいて、あらたに4ひき「はいる」がたし算になることを理解させましょう。

14. ③ あわせて いくつ ふえると いくつ （14ページ）

❶ ①2　　　　　　②4
　③7　　　　　　④7
　⑤6　　　　　　⑥10
　⑦9　　　　　　⑧9
　⑨9　　　　　　⑩10
　⑪10　　　　　⑫10
❷ しき　4＋5＝9　　こたえ　9にん
❸ しき　6＋4＝10　　こたえ　10だい

考え方 ❶ くり上がりのない1けたの数と1けたの数のたし算は、確実にできるようになるまで練習させましょう。
❷ あわせる（合併）たし算です。あわせる場面なので、式は5＋4＝9でもかまいません。
❸ ふえる（増加）たし算です。ふえる場面なので、式は4＋6＝10とすると誤りになります。❷との式の意味の違いを理解させることが大切です。

15. ③ あわせて いくつ ふえると いくつ （15ページ）

❶
おもて	3＋1	7＋2	2＋8
うら	4	9	10

❷ ①3　　　　　　②8
　③1　　　　　　④7
❸ 2、5

考え方 ❶ たし算カードを用いて、たし算の習熟を確実なものにしましょう。
❷ 0がほかの数と同じ仲間としてたし算できることを理解させ、0のたし算ができるようにします。
❸ 絵と式からたし算のお話をつくります。

16. ③ あわせて いくつ ふえると いくつ （16ページ）

❶ ①3　　　　　　②6
　③9　　　　　　④8
　⑤8　　　　　　⑥9
　⑦10　　　　　⑧5
❷ ①しき　4＋3＝7　　こたえ　7ほん
　②3、4、7

考え方 ❶ 1けたの数と1けたの数のたし算で、答えが10以下になるものがしっかりと身についているか確認してください。
❷ 絵と式から具体的なたし算の場面を想像し、たし算の式になる問題をつくることができるように指導してください。

おうちのかたへ たし算をする場面として、「あわせる（合併）」場面と、「ふえる（増加）」場面を学習します。なぜたし算をするのかを、具体的な場面を通してしっかり理解させてください。また、答えが10までのくり上がりのないたし算の計算を、しっかり習熟させましょう。

17. ④ のこりは いくつ ちがいは いくつ （17ページ）

❶ ①1こ　　　　　②3こ
❷ しき　5－3＝2　　こたえ　2ひき
❸ しき　4－1＝3　　こたえ　3びき

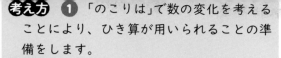

考え方 ❶ 「のこりは」で数の変化を考えることにより、ひき算が用いられることの準備をします。

❷❸ のこった数を求めるのにひき算を用いることを、しっかりと理解させましょう。「のこりは」がひき算になることを強調します。

18。 ④ のこりは いくつ ちがいは いくつ **18ページ**

❶ しき 6−2＝4 　　こたえ 4こ

❷ ①4 　　　　　②3
　③4 　　　　　④2
　⑤7 　　　　　⑥3
　⑦8 　　　　　⑧1

❸ しき 10−3＝7 　　こたえ 7ほん

考え方 ❸ のこりの数を求めるひき算には、部分の数を求めるものも含まれます。どんな仲間の数を求めるのかを考えさせることが大切です。

19。 ④ のこりは いくつ ちがいは いくつ **19ページ**

❶
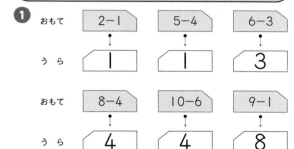

❷
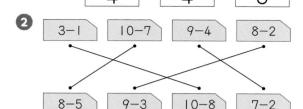

考え方 ❶ ひき算カードを用いて、ひき算の習熟を確実なものにしましょう。

❷ ひき算をすることにより、同じ答え（差）になるものを見つけます。

20。 ④ のこりは いくつ ちがいは いくつ **20ページ**

❶ ①しき 4−4＝0 　　　こたえ 0こ
　②しき 4−0＝4 　　　こたえ 4こ

❷ ①0 　　　　　②0
　③0 　　　　　④0
　⑤3 　　　　　⑥8
　⑦9 　　　　　⑧0

考え方 ❶ ひかれる数と同じ数をひくと答えは0になること、ひかれる数から0をひくと答えはひかれる数になることを、具体物を数えることにより、理解させます。

❷ ひかれる数と同じ数をひくひき算、0をひくひき算、0−0のひき算の練習をします。

21。 ④ のこりは いくつ ちがいは いくつ **21ページ**

❶ ①すいか
　②しき 7−4＝3 　　こたえ 3こ

❷ しき 9−7＝2 　　こたえ 2ひき

考え方 のこりの数を求める（求残）ひき算だけでなく、2つの数の違いを求める（求差）ときにもひき算を使うことを理解させましょう。具体物を用いて1対1に対応させ、ひき算を用いて違いが求められることに気づかせてください。

22。 ④ のこりは いくつ ちがいは いくつ **22ページ**

❶ しき 9−4＝5
　　　　こたえ かめが 5ひき おおい。

❷ 3、6、3

考え方 **1** 違いを求める場合、ひかれる数とひく数の差の数だけ多いことを理解させましょう。また、問題文に出てきた順に式を書いてしまい、4−9＝5とするミスが見られます。ひき算では必ず、ひく数よりひかれる数のほうが大きくなることを徹底させましょう。

2 多い数から少ない数をひくひき算により、違いを求めることができることを理解させます。

23. ④ のこりは いくつ ちがいは いくつ （23ページ）

1 しき　7−3＝4　　　こたえ　4こ

2 ①1　　　　　　　②5
　　③1　　　　　　　④2
　　⑤7　　　　　　　⑥5

3 ①しき　8−5＝3　　　こたえ　3びき
　　②8、3

> **考え方** **1** のこりの数を求める求残のひき算です。
>
> **3** ①数の違いを求める求差のひき算です。このひき算では、大きい数から小さい数をひきます。まず、それぞれの数をまちがえないように数えさせましょう。
> ②絵と式から具体的なひき算の場面を想像し、ひき算の式になる問題をつくることができるように指導してください。

> **おうちのかたへ** ひき算をする場面として、「のこりを求める（求残）」場面と、「違いを求める（求差）」場面を学習します。なぜひき算をするのかを、具体的な場面を通してしっかり理解させてください。また、くり下がりのない10までの数のひき算の計算をしっかり習熟させましょう。

24. ⑤ どちらが ながい （24ページ）

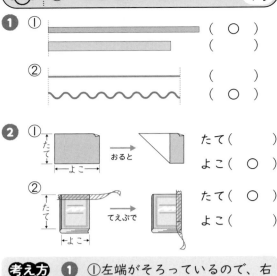

1 ①　　（　○　）
　　　　　（　　　）
　②　　（　　　）
　　　　　（　○　）

2 ①　おると　たて（　　　）
　　　　　　　　よこ（　○　）
　②　てえぷで　たて（　○　）
　　　　　　　　　よこ（　　　）

> **考え方** **1** ①左端がそろっているので、右に出ているほうが長いことになります。
> ②両端がそろっているので、曲がっているほうが長いことになります。
>
> **2** 折って比較する直接比較や、テープを使った間接比較によって長さの比較ができることを知り、長短がわかるようにしましょう。

25. ⑤ どちらが ながい （25ページ）

1 ①れいぞうこの　たかさ
　②でんわの　はば

2 つくえの　よこ

3 あ　（○）
　　い　（　）

> **考え方** **1** 比較するものが3つ以上あるところから、「いちばんながいもの」「いちばんみじかいもの」を選ぶ方法を理解させましょう。
>
> **2** 鉛筆1本分の長さを任意の単位として、それがいくつ分かで長さを比べます。
>
> **3** 車両の数で長さを比べます。あは8両分、いは7両分の長さです。

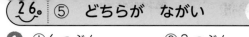

26. ⑤ どちらが ながい
（26ページ）

❶ ①6つぶん ②3つぶん
③まじっくが ますの 3つぶん ながい。

❷ あ

【考え方】 ❶ ますの数で長さの測定をして、長さの比較をします。③右端がそろっているので、左に出ている分が長いことになります。
❷ つみきの数の大小で高さを比較できることに気づかせましょう。

27. なかまづくりと かず／なんばんめ
（27ページ）

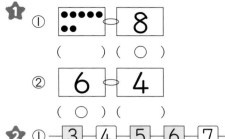

❶ ①
（　　）（ ○ ）
②
（ ○ ）（　　）

❷ ① 3 4 5 6 7
② 5 6 7 8 9

❸ ①5ばんめ、2ばんめ
②1ばんめ、6ばんめ

【考え方】 ❶ 1〜10までの数の大小が、理解できているか確認します。
❷ 1〜10までのどこから始めても、順番通りに数字が書けるか確認します。まちがえた場合は、1つずつ声に出して数えながらゆっくりと考えさせましょう。
❸ 基準点を変えると、同じものでも違う表し方があることを、確認します。

28. あわせて いくつ ふえると いくつ／のこりは いくつ ちがいは いくつ
（28ページ）

❶ ①5 ②7
③9 ④8
⑤10 ⑥0
⑦1 ⑧2
⑨4 ⑩8
⑪0 ⑫6

❷ しき 5+3=8　　こたえ 8わ
❸ しき 7−4=3　　こたえ 3つ

【考え方】 ❶ 1けたどうしのくり上がりやくり下がりのない計算の定着を確認します。
❷ ふえる(増加)場面のたし算です。
❸ 違いを求める(求差)場面のひき算です。

29. どちらが ながい
（29ページ）

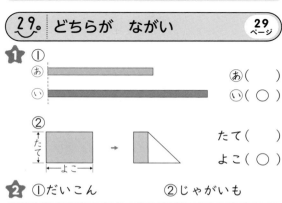

❶ ①
あ（　　）
い（ ○ ）
②
たて（　　）
よこ（ ○ ）

❷ ①だいこん ②じゃがいも

【考え方】 ❶ 長さを比較できるかを確認します。
❷ ①左端がそろっているので、いちばん右に出ているものを選びます。

30。 ⑥ わかりやすく せいりしよう 30ページ

❶ ①（右図）
②くり
③りんご
④（下図）

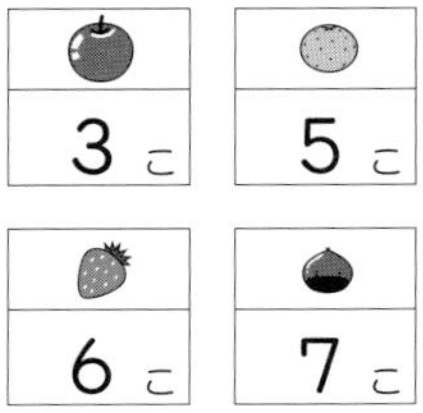

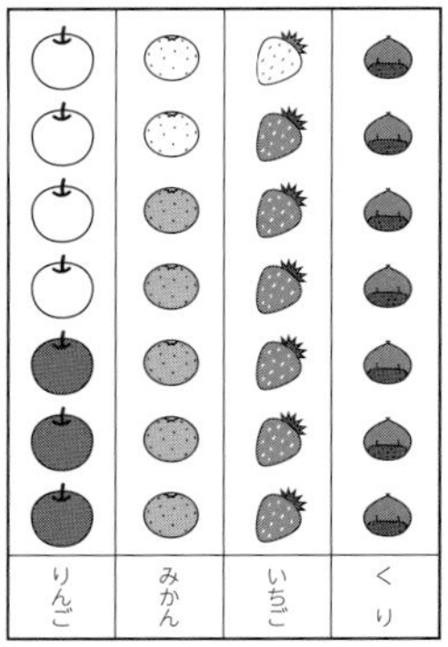

考え方 ①果物が混在しているので、それぞれの果物１つずつに印をつけながら絵グラフに色をぬるとよいでしょう。
②③絵グラフに表すと、数の大小がわかりやすくなることに気づかせてください。

31。 ⑥ わかりやすく せいりしよう 31ページ

❶ ①１ぱん
②２はん
③いちご

考え方 ①②２つある絵グラフを見て、結果を比較できるようにします。
③２つある絵グラフの結果から、どういうことがいえるかを学習します。

32。 ⑦ 10より おおきい かず 32ページ

❶ ①12　②15
③13　④20

考え方 十進法の原理について、基本的な理解を図りましょう。10のまとまりと端数に分ける、「10といくつ」という数になることを身につけます。また、10のまとまり２つで20となることも習得します。

33。 ⑦ 10より おおきい かず 33ページ

❶ ①14　②11
③19
❷ ①16　②20

考え方 ❶ 具体物を数えるにあたり、10のまとまりをつくるとわかりやすくなることに気づかせましょう。
❷ ①は「2、4、6、…」と２ずつ、②は「5、10、…」と５ずつ数えて10のまとまりをつくり、数えていく工夫をすることを学習します。

34。 ⑦ 10より おおきい かず 34ページ

❶ ①15ひき　②13ばんめ
❷ ①2　②10
❸ ①11　②14
③10　④7

考え方 ❶ 10より大きい数でも、順番の数え方は10までの数と変わりません。
❷ 「10いくつ」が10と端数であることを、具体的に□を数えながら身につけます。
❸ 「10と1で11」、また逆に「11は10と1」であるというように、「10いくつ」が10のまとまりと端数であることに気づかせます。

35。 ⑦ 10より おおきい かず 35ページ

❶

❷ ① ─13─14─15─16─
② ─12─14─16─18─20─
❸ ①15　②13
❹ 15

考え方 数直線のしくみを学習します。
❶ うさぎ、カンガルーの位置の数字をよみましょう。
❷ 数直線を左からよんでいくと、右へ行くほど数が大きくなっています。②は２とびになっています。
❹ 横一列に10を○で囲むと、数えやすいでしょう。

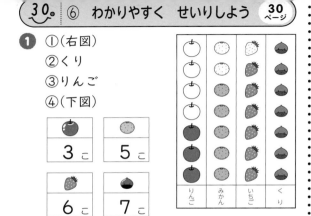

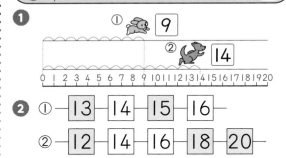

36. ⑦ **10より おおきい かず** _{36ページ}

❶ ①12　　　　②18
　　③10　　　　④10
❷ ①13　　　　②15
　　③19　　　　④10
　　⑤10　　　　⑥10

考え方 「10 いくつ」が 10 と端数であることを、たし算、ひき算で確認します。

37. ⑦ **10より おおきい かず** _{37ページ}

❶ ①22　　　　②35
　　③24　　　　④33
❷ ①17　　　　②18
　　③19　　　　④15
　　⑤15　　　　⑥13

考え方 ❷ 「10 いくつ」の数を「10」と「いくつ」に分け、「いくつ」どうしをたしたりひいたりします。その計算の結果を分けておいた 10 とあわせて答えを出します。

38. ⑦ **10より おおきい かず** _{38ページ}

❶ ①14　　　　②36
❷ ①あ 13—15　　い 20—18
　　　（　）（○）　　　（○）（　）
　　②— 8 — 10 — 12 — 14 — 16
❸ ①16　　　　②18
　　③19　　　　④10
　　⑤13　　　　⑥14

考え方 十進法の原理の基本的な理解ができているかを確認しましょう。
❶ 10 と端数を具体物で数え、「10 いくつ」の数で表すことを確認します。
❷ 数直線の左側は小さい数で、右側は大きい数であることを理解しているか確認しましょう。

おうちのかたへ 10 以上 20 未満の数が、全て「10といくつ」という構成になっていることを理解しておくと、20 以上の大きな数を学習するとき、容易に移行することができます。しっかり理解させましょう。

39. ⑧ **なんじ なんじはん** _{39ページ}

❶ ①3じ　　　　②3じはん
　　③4じ
❷ ①　　　　　　②

❸ あ　　　　　　い
　（ ○ ）　　　（　　）

考え方 「〜時」「〜時半」の時計が読めるようになることが目標です。短針が「時」を表すことを理解し、長針が「〜時」は 12、「〜時半」は 6 を指すことを確認させましょう。

40. ⑨ **3つの かずの けいさん** _{40ページ}

❶ しき　2＋3＋4＝9
　　　　　　　　　こたえ　9ひき
❷ ①7　　　　　②7
　　③8　　　　　④9
　　⑤6　　　　　⑥14
　　⑦13　　　　⑧16
　　⑨17　　　　⑩16

考え方 ❶ 2回増加するものについては、1回目の増加分をたし算した答え（和）に2回目の増加分をたし算することを理解させましょう。
❷ 3つの数のたし算の練習です。左から順に計算していけばよいことを確認します。

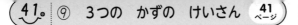

41. ⑨ 3つの かずの けいさん　41ページ

❶ しき　8−1−5＝2

こたえ　2こ

❷ しき　7−3+4＝8

こたえ　8ひき

❸ ①4　　　　　　②2

考え方 ❶　2回減少するものについては、1回目のひき算の答え（差）に2回目のひき算をすることを理解させましょう。

❷　減って増えるものは、ひき算をして求めた答え（差）にたし算することを理解させましょう。

42. ⑩ どちらが おおい　42ページ

❶ ①あ　　　い

（ ○ ）　　　　　　（ 　 ）

②あ　　　　　　　　い

（ 　 ）　　　　　　（ ○ ）

❷ い → あ → う

考え方 ❶　①片方の容器に移し替えて、あふれることによって、かさ（容積）が多いことを判断します。

②同じ大きさの容器に移し替えて、水面の高さを比べることでかさを比較します。

❷　水面の高さは同じなので、容器が大きいほどかさが多いことになります。

43. ⑩ どちらが おおい　43ページ

❶ ①あ5はい　　　　　い8はい

②いの ほうが、3ばいぶん おおく はいる。

❷ あ → う → い

考え方 小さいコップを任意の単位にして、その数の大小でかさを比較します。

44. ⑪ たしざん　44ページ

❶ ①1　　　　　　②1

③1　　　　　　④2、12

❷ ①13　　　　　②11

③14　　　　　④15

⑤16

考え方 ❶　1けたの数どうしのたし算で、くり上がりのある計算のしかたを学習します。たされる数の9はあと1で10になるので、たす数を1といくつかの2つに分けて、たし算します。

9+3→9+1+2→10+2=12

45. ⑪ たしざん　45ページ

❶ ①2　　　　　　②2

③2　　　　　　④3、13

❷ ①11　　　　　②12

③15　　　　　④14

⑤16

考え方 たされる数の8はあと2で10になるので、たす数を2といくつかの2つに分けて、たし算します。

46. ⑪ たしざん　46ページ

❶ ①2　　　　　　②2

③2　　　　　　④1、11

❷ ①11　　　　　②14

③11　　　　　④14

❸ しき　6+7=13　　　こたえ　13こ

考え方 ② たされる数のほうが小さいたし算の計算です。計算方法を確認しながら、計算するとよいでしょう。

③ あわせる（合併）場面のたし算ですから、式は 7＋6＝13 でもかまいません。

47。⑪ たしざん 47ページ

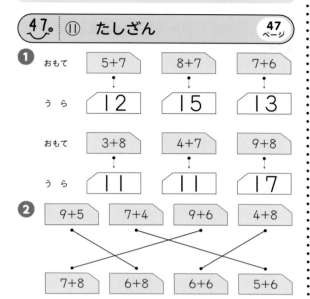

❶
おもて　5＋7　8＋7　7＋6
う ら　12　15　13

おもて　3＋8　4＋7　9＋8
う ら　11　11　17

❷
9＋5　7＋4　9＋6　4＋8
7＋8　6＋8　6＋6　5＋6

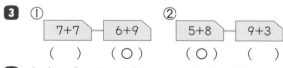

考え方 このようなカードを作って、カードを利用して、くり上がりのあるたし算の習熟を図りましょう。

48。⑪ たしざん 48ページ

❶ 12

❷ ①11　②14
　③13　④16
　⑤11　⑥14

❸ ①
　7＋7　6＋9
　（ 　）　（○）
　②
　5＋8　9＋3
　（○）　（ 　）

❹ しき　8＋4＝12　こたえ　12だい

考え方 ❶ たされる数を 10 にする方法で計算します。

❸ くり上がりのあるたし算と、答え（和）の大小がわかるか確認します。

❹ 具体物の計算（増加）をくり上がりのあるたし算で解くことができるか確認します。

おうちのかたへ くり上がりのあるたし算では、たす数とたされる数のどちらが 10 にしやすいかを判断する力を養いましょう。

49。⑫ かたちあそび 49ページ

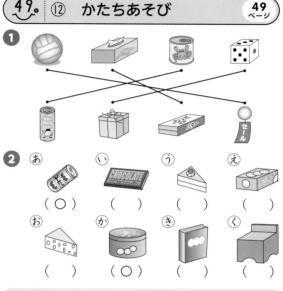

❶

❷
あ（○）　い（ 　）　う（ 　）　え（ 　）
お（ 　）　か（○）　き（ 　）　く（ 　）

考え方 ❶ 身の回りにある立体を大まかに分類できるようにします。面の形に着目して、立体の特徴をとらえさせましょう。

❷ 面の形に円（まる）があるもの（円柱）を選びます。

50。⑫ かたちあそび 50ページ

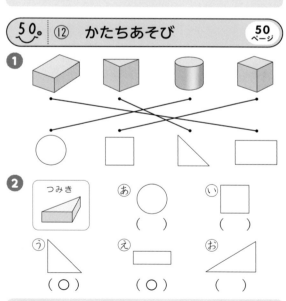

❶

❷
つみき
あ（ 　）　い（ 　）
う（○）　え（○）　お（ 　）

考え方 立体を構成している面の形に着目しましょう。

51。⑬ ひきざん

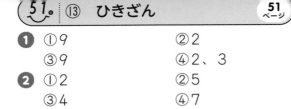

51ページ

❶ ①9　　　　②2
　　③9　　　　④2、3
❷ ①2　　　　②5
　　③4　　　　④7
　　⑤6

考え方「2けた(11〜18)−1けた」のくり下がりのあるひき算の計算のしかたを学習します。

❶ 12を10と2に分け、10から9をひき、その結果に残っている2をたします。ひいてからたすので、この計算方法を「減加法(げんかほう)」と言います。

$$12-9 \rightarrow 10-9+2 \rightarrow 1+2=3$$

52。⑬ ひきざん

52ページ

❶ ①8　　　　②10
　　③8　　　　④1、3
❷ ①5　　　　②6
　　③4　　　　④7
　　⑤8

考え方 ひく数が8のひき算です。どれも減加法で計算します。

$$11-8 \rightarrow 10-8+1 \rightarrow 2+1=3$$

53。⑬ ひきざん

53ページ

❶ ①4　　　　②5
　　③5　　　　④6
　　⑤6　　　　⑥8

❷ しき　11−4=7　　　こたえ　7こ
❸ しき　15−6=9
　　　　　こたえ　きってが　9まい　おおい。

考え方 ❶ ひく数が6、7の、くり下がりのあるひき算の練習です。減加法の計算方法を確認しながら計算させましょう。
❷ 残りの数を求める(求残)場面のひき算です。
❸ 違いの数を求める(求差)場面のひき算です。答え方に注意させてください。

54。⑬ ひきざん

54ページ

❶ ①3　　　　②1
　　③1　　　　④2、8
❷ しき　16−7=9　　　こたえ　9わ

考え方 ❶ ひく数が小さいとき、順にひいていく計算方法を使うことがあります。この計算方法を「減々法(げんげんほう)」と言います。

$$11-3 \rightarrow 11-1-2 \rightarrow 10-2=8$$

❷ 残りの数を求める(求残)場面のひき算です。

55。⑬ ひきざん

55ページ

❶

おもて　11−2　　16−9　　12−4
う　ら　9　　7　　8

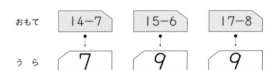

おもて　14−7　　15−6　　17−8
う　ら　7　　9　　9

❷
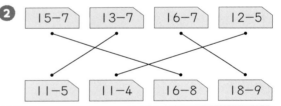

15−7　　13−7　　16−7　　12−5

11−5　　11−4　　16−8　　18−9

考え方 たし算と同様に、このようなカードを作って、カードを利用して、くり下がりのあるひき算の習熟を図りましょう。

56。⑬ ひきざん

56ページ

❶ 9
❷ ①5　　　　②9
　　③7　　　　④5
　　⑤8　　　　⑥9
❸ ①　　　　②
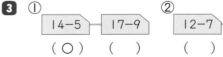
　14−5　17−9　　12−7　15−9
　（○）　（　）　　（　）　（○）
❹ しき　14−7=7　　　こたえ　7ほん

考え方 **2** くり下がりのあるひき算が確実にできるか確認します。

3 くり下がりのあるひき算と、答え（差）の大小がわかるか確認します。

4 違いを求める（求差）場面のひき算です。ひき算では必ず大きい数から小さい数をひくので、式を7－14＝7などとしないように注意しましょう。

おうちのかたへ くり下がりのあるひき算では、ひかれる数を分解する減加法と、ひく数を分解する減々法の2種類があります。計算方法を判断して、早く正確にできるように指導してください。

---

57. どちらが おおい／たしざん（57ページ）

1 ①（　）（○）　②（○）（　）

2 ①16　②16　③18
④14　⑤11　⑥12
⑦14　⑧14　⑨11

3 しき　8＋5＝13　　こたえ　13わ

考え方 **1** かさ（容積）を比較できるかを確認します。
①は容器の大きさが同じなので水の高さ、②は水の高さが同じなので容器の大きさを比べて判断します。

2 1年生で学ぶ主な計算の練習です。まちがえたら、計算方法を確認して、それぞれの単元に戻って練習しましょう。

3 増加の場面のたし算です。

---

58. かたちあそび／ひきざん（58ページ）

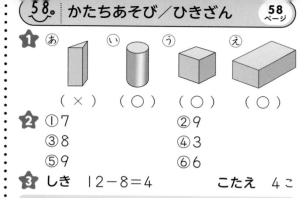

あ（×）　い（○）　う（○）　え（○）

2 ①7　　②9
③8　　④3
⑤9　　⑥6

3 しき　12－8＝4　　こたえ　4こ

考え方 **1** 使われている形は、ましかく（正方形）とながしかく（長方形）とまる（円）です。これらの形を含む立体を見つけます。

2 くり下がりのあるひき算が確実にできるか確認します。

3 違いを求める（求差）場面のひき算です。ひき算では必ず大きい数から小さい数をひくので、式を8－12＝4などとしないように注意しましょう。

---

59. ⑭ おおきい かず（59ページ）

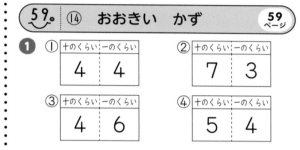

考え方 2けたの数は、十の位の数字と一の位の数字を使って表します。数えるときは、10のまとまりをつくりながら、10のまとまりがいくつと端数がいくつと考えて数を表します。

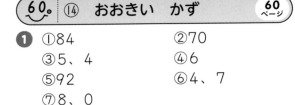

60. ⑭ おおきい かず　60ページ

❶ ①84　　②70
　③5、4　　④6
　⑤92　　⑥4、7
　⑦8、0

考え方 2けたの数が、10の集まりと端数で構成されていることを理解させましょう。10の集まりの数を十の位に、端数は一の位に置かれることを確認しましょう。

61. ⑭ おおきい かず　61ページ

❶ ①1|0|0　　②1|0|0
　③1|0|0　　④1|0|0

考え方 10が10こ集まって100になるということを、具体物を数えながら身につけます。②のように、10が9こと1が10こでも100になることを理解させましょう。

62. ⑭ おおきい かず　62ページ

❶ ①63　　②93
　③ ─81─82─83─84─85─
　④ ─50─60─70─80─90─
　⑤ ─55─60─65─70─75─
　⑥ ─90─89─88─87─86─

❷ ①　　　　②　　　　③
　60─58　85─68　91─89
　(○) ( )　(○) ( )　(○) ( )

考え方 ❶ 数直線を参考にして、100までの数の並び方を理解します。数直線上では、右へいくほど大きく、左へいくほど小さくなっていることを確認させましょう。
❷ 2けたの数の大小の比較は、十の位の数字を比べて、十の位が同じなら一の位の数字の大小を比べます。

63. ⑭ おおきい かず　63ページ

❶ ①100と 6で 106
　②100と 14で 114
❷ ①101、103　　②117、119

考え方 ❶ 100より大きい数は、「100といくつ」と考えて数を表します。①のように、十の位に数がないときは0を書くのを忘れないよう指導しましょう。
❷ 100より大きい数の並び方（系列）を問う問題です。数がどのように並んでいるかを、まず調べさせましょう。

64. ⑭ おおきい かず　64ページ

❶ ①25　　②20
❷ ①34　　②49
　③56　　④67
　⑤40　　⑥50
　⑦60　　⑧70

考え方 2けたの数を「何十」と「いくつ」に分けて、「いくつ」の部分をたしたりひいたりします。

65. ⑭ おおきい かず　65ページ

❶ ①4　　②3、7　　③7、27
❷ ①7　　②5、2　　③2、22

考え方 2けたの数の簡単な計算を学習します。2けたの数を「何十」と「いくつ」に分けて、「いくつ」の部分の計算をして、その結果に何十をあわせます。

66. ⑭ おおきい かず　66ページ

❶ しき 40+30=70　　こたえ 70まい
❷ しき 50-30=20　　こたえ 20まい
❸ ①50　　②40
　③70　　④30
　⑤100　　⑥20

考え方 何十と何十のたし算・ひき算は、10を束にして考えると、1けたの数のたし算・ひき算で計算できます。

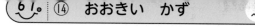

61。⑭ おおきい かず

1 63

2 ①47　　　　　　　②68
　　③5、9　　　　　　④90、110
　　⑤95、105

3 ①100　　　　　　②60
　　③78　　　　　　④90

考え方 **1** 10のまとまりと端数で「何十何」、10のまとまりが10こで100になるということを理解しているか確認します。
2 ①〜③2けたの数の構成を確認します。④⑤数の系列（並び方）の問題です。④は10ずつ、⑤は5ずつ大きくなっています。まちがえた場合は、数直線を使って考えさせるとよいでしょう。
3 ①②は10の束で考えると簡単な計算で答えが出せます。③④は一の位の計算をします。

おうちのかたへ ここでは、2けたの数の数え方や読み方・書き方に習熟させます。十の位は数字の位置によって示されることを理解させましょう。また、100より大きな数は、1年生ではまだ百の位を学ばないので、「100といくつ」と考えて、100までの数と同様に表せることを理解することが大切です。

68。⑮ どちらが ひろい

1 ①ⓘ　　　　　　②ⓐ
2 ①ⓘ　　　　　　②ⓐ

考え方 **1** ⓐとⓘの2辺をそろえて、直接重ねて広さを比べます。重ねて余りが出たほうが広いことに気づかせましょう。
2 ①では□の数を数えて比べ、いくつ分違うかで確かめられます。②では、三角形の板をそれぞれ数えます。

69。⑯ なんじなんぷん

1 ①9じ 30 ぷん
　　②7じ 15 ふん
　　③3じ 57 ふん

2

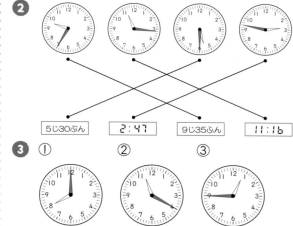

| 5じ30ぷん | 2:47 | 9じ35ふん | 11:16 |

3 ①　　　　　②　　　　　③

考え方 時計の短針は「時」、長針は「分」を表します。長針が1を指しているときは5分、2では10分、3では15分、……という、長針の位置と「分」の関係を理解させましょう。また、文字盤のあるアナログ時計とデジタル表示との関係も確認させてください。

70。⑰ たしざんと ひきざん

1 ⓐ3にん　　ⓘ7にん
　　しき　3＋7＝10　　こたえ　10にん
2 ⓐ14にん　　ⓘ9にん
　　しき　14－9＝5　　こたえ　5にん

考え方 「〜番目」のような順番の数（順序数）はそのまま計算に使えないので、順序数を集合数（〜にん）に置き換えて計算に用いる考え方を、図を参考にしながら学習します。
1 「前から3番目までにいる人数は3にん」と考えて、3（にん）＋7（にん）と立式します。
2 「前から9番目までにいる人数は9にん」と考えて、14（にん）−9（にん）と立式します。

71. ⑰ たしざんと ひきざん 71 ページ

❶ ⑥6こ　　⑥3こ
　　しき　6+3=9　　　こたえ　9こ
❷ ⑥5こ　　⑥8にん
　　しき　8-5=3　　　こたえ　3にん

考え方 ものの数を人の数に置き換えたり、人の数をものの数に置き換えたりして計算する問題です。図を参考にして、考えさせましょう。
❶ 「6にんの子どもに配るドーナツの数は6こ」と考えて、6（こ）+3（こ）と立式します。
❷ 「5このいすに座ったひとの数は5にん」と考えて、8（にん）-5（にん）と立式します。

72. ⑰ たしざんと ひきざん 72 ページ

❶ ⑥8ほん　　⑥6ぽん　おおい
　　しき　8+6=14　　こたえ　14ほん
❷ ⑥12こ　　⑥5こ　すくない
　　しき　12-5=7　　こたえ　7こ

考え方 ある数をもとにして、それより多い場合はたし算、少ない場合はひき算で答えを求めます。図を参考にして、考えさせましょう。
❶ 「白い花は、赤い花より6本多い」ので、8+6とたし算になります。
❷ 「りんごは、みかんより5こ少ない」ので、12-5とひき算になります。

73. ⑰ たしざんと ひきざん 73 ページ

❶ ⑥3にん　　⑥5にん
　　しき　3+1+5=9　　こたえ　9にん
❷ ⑥6にん　　⑥4にん
　　しき　6+1+4=11　こたえ　11にん

考え方 問題文に合わせて図を完成させると、基準となる人の前後の人数に、基準の人の分の1人を加えれば、並んでいる全体の人数になることがわかります。

おうちのかたへ 文章をよく読んで、その内容を図に表すことで、数量の関係が明らかになることに気づかせましょう。自分で図に表す力を身につけることは、算数の学習には大変重要なことです。
　文章題がわからない場合は、できるだけ図に表して、数量の関係を視覚的にとらえられるようにしましょう。

74. ⑱ かたちづくり 74 ページ

❶ ①　　　②　　　③

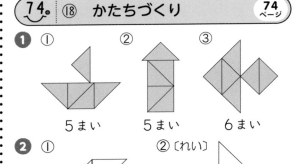

5まい　　5まい　　6まい

❷ ①　　②〔れい〕

③〔れい〕　　④〔れい〕

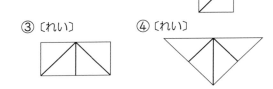

考え方 実際に色板を使って、並べながら考えるとよいでしょう。
❷ ②③④は〔れい〕の他にも並べ方が考えられます。

75. ⑱ かたちづくり 75 ページ

❶ ①　　　②　　　③

6ぽん　　12ほん　　12ほん

❷ ①

②

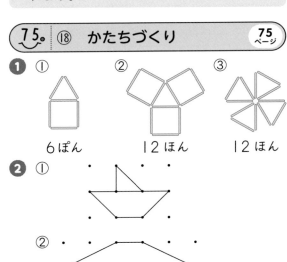

考え方 ❶ ていねいに１本１本数えます。
❷ 点と点を直線でつなぐことによって、いろいろな形をつくることができます。

おうちのかたへ 形づくりの学習では、実際に色板や数え棒を使って動かしてみることが大切です。同じ枚数、同じ本数のものを使っても、違う形がつくれることを確かめさせましょう。

76。 どちらが ながい/たしざん/ひきざん （76ページ）

⭐❶ つくえの よこ
⭐❷ ①13　　　　②15
　　③11　　　　④16
⭐❸ しき　6＋7＝13　　こたえ　13とう
⭐❹ ①7　　　　②9
　　③3　　　　④7
⭐❺ しき　17−9＝8　　こたえ　8こ

考え方 ❶ クレヨン１本分の長さを任意の単位として、それがいくつ分かで長さを比べます。
❸ 具体物の計算（増加）をくり上がりのあるたし算で解くことができるか確認します。
❹ くり下がりのあるひき算が確実にできるか確認します。
❺ 残りの数を求める（求残）場面のひき算です。ひき算では必ず大きい数から小さい数をひくので、式を9−17＝8などとしないように注意しましょう。

77。 なんじなんぷん/たしざんと ひきざん （77ページ）

⭐❶ ①10じ 30ぷん　　②2じ 15ふん
　　③7じ 45ふん
⭐❷ ①17　　　　②12
　　③18　　　　④100
　　⑤56　　　　⑥77
　　⑦9　　　　⑧9
　　⑨12　　　　⑩70
　　⑪80　　　　⑫65
⭐❸ しき　13−5＝8　　こたえ　8にん

考え方 ❶ 時（短針）→分（長針）の順に時刻をよみましょう。①短針は10と11の間にあるので「10時」、長針は6を指しているので「30分」です。「10時30分」は「10時半」と答えても、正解にしてあげてください。②短針は2と3の間にあるので「2時」、長針は3を指しているので「15分」です。③短針は7と8の間にあるので「7時」、長針は9を指しているので「45分」です。
❷ １年生で学習する主な計算の練習です。くり上がりやくり下がりがあるものは、計算方法を再度確認しておきましょう。
❸ 「前から5番目までの人数は5人」と考えて、13（人）−5（人）と立式します。
図に表すと、次のようになります。

78。 おおきい かず/かたちづくり （78ページ）

⭐❶ ①67　　　　　②100

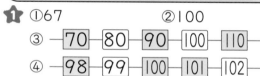

③ ─ 70 ─ 80 ─ 90 ─ 100 ─ 110 ─
④ ─ 98 ─ 99 ─ 100 ─ 101 ─ 102 ─

⭐❷ ①6まい　　②10まい　　③9まい
⭐❸ ①　　　　　　　②

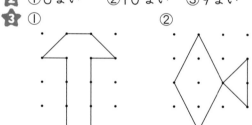

95

1 ①2けたの数は、10の束の数と1の端数の数で構成されていることを確認します。②10が10こ集まると100になることを確認します。③④ 数の系列（並び方）の問題です。③は10ずつ、④は1ずつ大きくなっています。

2 下のように、図に線をかいていくと、何枚の色板が使われているかがわかります。1つの方眼に2枚の色板が使われていることにも気づかせるとよいでしょう。

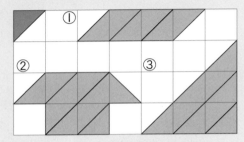

3 下のように、図に方眼をかいてみると、わかりやすくなるでしょう。

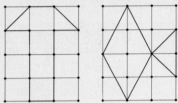

東京書籍版・小学算数1年